ROLF REINICKE

RÜGEN

STRAND & STEINE

DEMMLER VERLAG

ROLF REINICKE
RÜGEN
STRAND & STEINE
DEMMLER VERLAG

Bibliographische Informationen
der Deutschen Nationalbibliothek:
Die Deutsche Nationalbibliothek
verzeichnet diese Publikation in der
Deutschen Nationalbibliographie.
Detaillierte bibliographische Daten
sind im Internet abrufbar unter:
https://portal.dnb.de

Demmler Verlag GmbH
Rolf Reinicke

Rügen Strand & Steine
Texte, Fotos und Layout: Rolf Reinicke
Lektorat und Zeichnungen: Inge Reinicke
Grafiken: Matthias Reinicke
www.kuestenbilder.de

ROLF REINICKE
RÜGEN STRAND & STEINE
7. Auflage 2021
ISBN 978-3-944102-00-9

An der Bäderstraße 7c
18311 Ribnitz-Damgarten
www.demmler-verlag.de

Printed in Germany

Titelfoto:
Kreidesteilküste mit dem Königsstuhl
im Nationalpark Jasmund

Foto auf Seite 1:
Kronenseeigel aus der Schreibkreide

Foto auf der vorhergehenden Doppelseite:
Geschiebestrand und Steilküste bei Neu
Mukran auf Jasmund

Foto auf dieser Doppelseite:
Findlinge am Wittower Nordstrand

Rücktitelfoto:
Flachküste an der Schaabe nahe Glowe

INHALT

KLIFF, STRAND UND STEINE

FASZINATION DER INSELKÜSTEN

Die Insel Rügen zählt zu den beliebtesten Reisezielen Deutschlands. Fast alle Gäste zieht es hier natürlich direkt an die einladenden Ufer mit ihren weiten Sandstränden und den beeindruckenden Steilküsten. Die meisten Touristen kommen im Sommer, um sich hier zu sonnen und um zu baden. Andere aber besuchen die abwechslungsreichen Strände zu jeder Jahreszeit, um zu wandern, zu sammeln, zu beobachten oder zu fotografieren. Für sie ist dieses Buch gedacht. Es will Anregungen geben, die faszinierende Küste auf Rügen und Hiddensee bewußt zu entdecken und zu erleben. Es bietet in allgemein verständlicher Weise eine Menge interessanter Informationen über die Entstehung und die fortlaufenden Veränderungen dieser einzigartigen Küste. Und es richtet sich besoners an jene zahlreichen Strandwanderer, die Gesteine oder Fossilien suchen und sammeln.

Viele Funde von den steinreichen Stränden auf Rügen und Hiddensee – besonders von der Kreideküste – sind hier abgebildet und beschrieben. „Rügen Strand & Steine" bietet aber keine Vollständigkeit und will auch kein spezielles Bestimmungsbuch sein, sondern ein Überblick über die geologischen Strandfunde – eine kleine Urlaubs- und Freizeitgeologie für Laien.

Dieses Buch hatte bereits einen beliebten Vorläufer mit demselben Titel. Bereits 1991 erschienen, fand es innerhalb von zwei Jahrzehnten einige Zehntausend Leser. Nun also dieses völlig neue Buch: inhaltsreicher, zeitgemäßer illustriert und wesentlich interessanter gestaltet. Autor, Mitarbeiter und Verlag wünschen allen Lesern viel Freude und Anregungen.

Foto:
Strand und Steine auf Rügen – Findlinge und Geröllstrand am Greifswalder Bodden, am Zickerschen Höft auf Mönchgut

Rügens Sandstrände zählen zu den schönsten Deutschlands. Ihr Sand – nicht zu fein und nicht zu grob – gilt Vielen als besonders angenehm. Daher sind diese Strände auch so beliebt. Nur wenige, die das Strandleben genießen, machen sich Gedanken darüber, was Sand eigentlich ist.

Betrachtet man den Strandsand mit einer Lupe, so erkennt man, dass die einzelnen Körnchen rund, glatt und hellgrau bis weißlich oder farblos sind. Sie alle bestehen aus demselben Mineral: aus Quarz. Quarz ist härter als Stahl!

Verwittert quarzhaltiges Gestein, so werden die anderen Minerale zersetzt. Der Quarz bleibt übrig – eine große Masse kleiner Quarzkörnchen. Das fließende Wasser spült sie hinweg, durch Bäche und Flüsse bis zum Meer. Dabei reiben sich die einzelnen Körnchen aneinander und werden so allmählich runder und glatter.

Die Sandkörner an Rügens Stränden haben bereits ein bewegtes Schicksal hinter sich. Sie stammen aus den eiszeitlichen Ablagerungen an den Steilufern. Werden diese abgetragen, so gelangen große Mengen von Sand ins Meer. Das Wasser trägt den Sand mit sich fort und transportiert ihn parallel zur Küste. Auf diese Weise gelangt er genau dorthin, wo wir ihn gern sehen: an die weiten Sandstrände unserer Urlaubsküsten. Unterwegs wurde er vom Wasser „gewaschen" und so gut sortiert, dass er fast ausschließlich aus gut gerundeten Quarzkörnchen einheitlicher Größe besteht. Dieser Sand ist ganz locker und sehr porös. Er trocknet schnell und klebt nicht am Körper fest. Dass er aus dem sehr harten Mineral Quarz besteht, merkt man erst, wenn er einmal aus Versehen zwischen die Zähne kommt.

SANDSTRÄNDE

URLAUBERMAGNET FLACHKÜSTE

großes Foto:
Sandstrand vor Göhren

Foto im oberen Kreis:
Strandsand – etwa zehnfach vergrößert,
fotografiert auf einer Glasplatte,
von unten beleuchtet

Foto im unteren Kreis:
Strandsand – etwa zehnfach vergrößert

STEINSTRÄNDE

GERÖLLSAUM DER STEILKÜSTEN

Vor den Steilufern auf Rügen und Hiddensee gibt es zwar hier und da auch kleinere Sandstrände. Meist aber besteht der Strand aus grobem Material – aus Geröll und Kies. Nicht selten liegen dort auch Findlinge. Die Entstehung dieser Geröllstrände ist leicht zu erklären. Hier liegt all das, was bei der Abtragung der eiszeitlichen Ablagerungen am Steilufer vom Meer ausgewaschen, aber nicht weggetragen wurde. Schon beim ersten Blick auf die vielfarbigen Strandgerölle fällt auf, dass es sich hier um eine bemerkenswerte Vielfalt unterschiedlichster Gesteine handelt. Diesen eiszeitlichen Geschieben gilt das besondere Interesse der zahlreichen Strandwanderer, die suchen und sammeln. Und mit solchen Steinen beschäftigt sich ein Kapitel dieses Buches (Seiten 28–45).

Foto:
*Steinstrand vor dem Dornbuschkliff auf Hiddensee – **Geschiebe**, die aus den eiszeitlichen Ablagerungen herausgewaschen wurden.*

DIE KALTE VORGESCHICHTE

DER URSPRUNG VON STRAND UND STEINEN

Noch vor 15 000 Jahren bedeckten mächtige Eismassen das Gebiet der heutigen Insel Rügen. Erst damals, gegen Ende der Eiszeit, erhielt die Landschaft ihre Grundformen. Damit zählt sie zu den jüngsten in Deutschland.

Während der Eiszeit, im Laufe der vergangenen 700 000 Jahre, hatte sich das Inlandeis mehrmals von Skandinavien aus über den Ostseeraum und ganz Norddeutschland nach Süden vorgeschoben – bis an den Rand der Mittelgebirge. Dabei hobelte es nicht nur den Untergrund glatt, sondern hinterließ überall, so auch auf Rügen, seine Ablagerungen – die Moränen und Schmelzwasserbildungen.

Am Grunde des Eises schmolzen die eingelagerten Feststoffe aus und bildeten dort die **Grundmoräne** – heute überwiegend flachwellige Areale, die auf Rügen am weitesten verbreitet sind und hier als fruchtbare Feldlandschaften in Erscheinung treten.

Am Eisrand häuften sich an einigen Stellen die gewaltigen Lockermassen zu **Endmoränen** an. Ihre auffallenden Hügelketten, heute vielfach bewaldet, finden sich auf Rügen beispielsweise in der Granitz und im Gebiet von Bergen.

Als die Ostsee schließlich gegen das Land vordrang, fand sie eiszeitliche Ablagerungen vor – Grundmoränen und Endmoränen. An ihnen, den Inselkernen, formte sie ihre Ufer und schuf aus den eiszeitlichen Ablagerungen die ausgedehnten Stein- und Sandstrände.

Foto:
Solche Eismassen wie hier auf Island bedeckten während der Eiszeit mehrfach das Gebiet der Insel Rügen.

Grafik:
Eiszeitliche Ablagerungen bildeten sich unter dem Inlandeis und an dessen Rand.

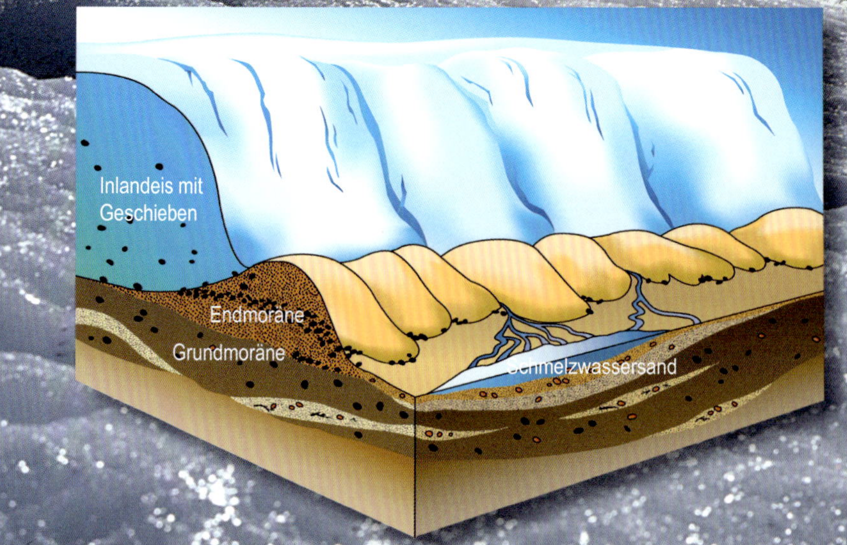

Geschiebemergel
Geschiebelehm
Schmelzwassersand
und -kies
Schreibkreide mit
Feuerstein

RÜGENS UNTERGRUND

ABLAGERUNGEN AUS KREIDEZEIT UND EISZEIT

Überall auf Rügen liegen eiszeitliche (= pleistozäne) Ablagerungen – **Geschiebemergel** (verwittert: **Geschiebelehm**) sowie **Schmelzwassersand** und (selten) **Schmelzwasserkies** – direkt unter dem Mutterboden. Die Mächtigkeit (= Dicke) dieser Schichten schwankt von stellenweise nur wenigen Dezimetern (z.B. auf Jasmund und Wittow) über durchschnittlich 20 bis 50 Meter in den meisten Gebieten bis zu 80 Meter (auf Südrügen).

Unter den eiszeitlichen Ablagerungen liegt überall **Schreibkreide** mit ihren charakteristischen Feuersteinbändern. Sie bildet im Untergrund meist eine mehrere hundert Meter mächtige Schicht.

Schreibkreide wurde vom Inlandeis stellenweise als größere oder kleinere Schollen aus dem Untergrund herausgerissen und in die eiszeitlichen Ablagerungen hineingequetscht – so wie es das große Foto zeigt.

Auf Jasmund und Wittow wurde die Schreibkreide durch den Eisschub gefaltet und in Schollen übereinander gestapelt. Heute prägt sie die Steilufer nördlich Sassnitz und am Kap Arkona.

großes Foto: Steilufer gewähren Einblicke in den Untergrund – eiszeitliche Ablagerungen und Schreibkreide am Kliff zwischen Sassnitz und Mukran

Grafik: schematischer Schnitt durch die geologischen Ablagerungen auf Rügen

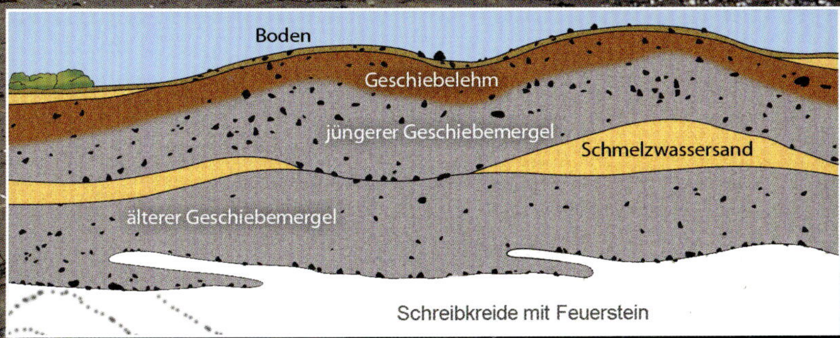

RÜGEN WIRD ZUR INSEL

EIN KAPITEL LANDSCHAFTSGESCHICHTE

Als das Inlandeis getaut und die Schmelzwasserströme versiegt waren, befand sich das Gebiet der Insel Rügen tief im Binnenland. Damals lag der Pegel der Weltmeere und damit auch der Ostsee noch weit unter dem heutigen. Erst vor etwa 6500 Jahren strömte durch den nun rasch steigenden Pegel der Ozeane Salzwasser in die Ostseesenke ein. Dadurch rückte das Meer gegen das Festland vor und überflutete alle niedrig gelegenen Areale. Höher gelegene Gebiete aus eiszeitlichen Ablagerungen ragten als **Inselkerne** aus dem Meer. Aber erst vor ungefähr 4 000 Jahren erreichte der Meeresspiegel seinen heutigen Stand.

Erst von diesem Zeitpunkt an kann man von der Insel Rügen sprechen. Sie sah damals noch wesentlich anders aus als heute: um einen großen zentralen Inselkern (das Muttland) lagen zwei weitere größere (Jasmund und Wittow) und zahlreiche kleinere Inselkerne. Durch Nehrungen, später entstandene Bauwerke des Meeres, sind sie heute fast alle untereinander verbunden – ein Ergebnis des Küstenausgleichs.

großes Foto:
Die Ostsee überflutet niedrig gelegene Areale.
(Uferwiese am Gell Ort/Wittow)

Foto im Kreis:
An höher aufragenden Stellen entstehen Steilufer.
(Kliff am Gännurt auf Klein Zicker/ Mönchgut)

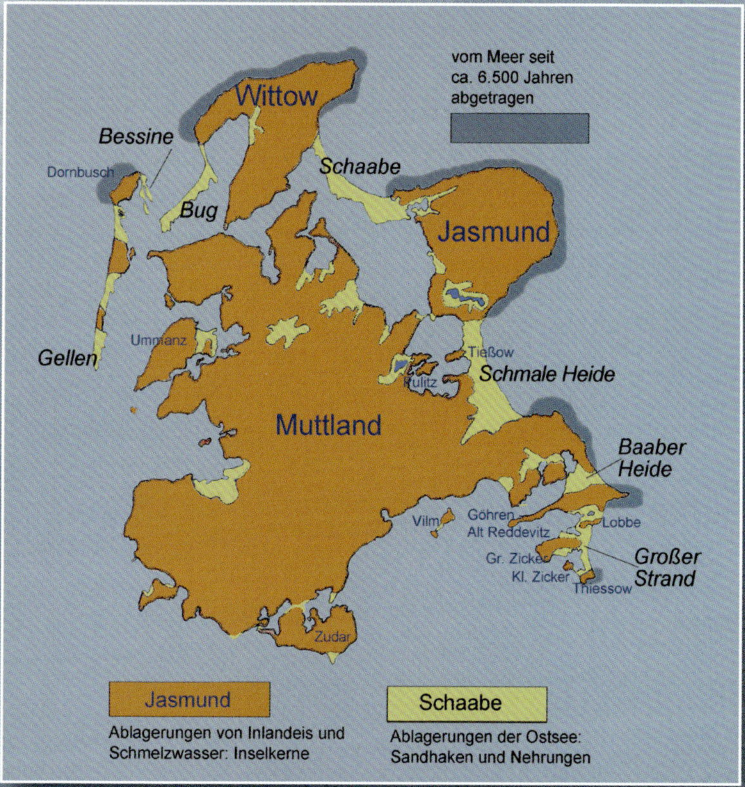

vom Meer seit
ca. 6.500 Jahren
abgetragen

Wittow
Bessine
Dornbusch
Schaabe
Bug
Jasmund
Ummanz
Gellen
Tießow
Schmale Heide
Pulitz
Muttland
Baaber
Heide
Vilm
Göhren
Lobbe
Alt Reddevitz
Gr. Zicker
Großer
Strand
Kl. Zicker
Thiessow
Zudar

Jasmund
Ablagerungen von Inlandeis und
Schmelzwasser: Inselkerne

Schaabe
Ablagerungen der Ostsee:
Sandhaken und Nehrungen

DIE PLEISTOZÄNKÜSTE
STEILUFER AUS EISZEITLICHEN ABLAGERUNGEN

Pleistozäne Ablagerungen, entstanden in der Eiszeit, bilden an den Rändern der Inselkerne Steilufer (Kliffe) von ganz unterschiedlicher Höhe. An den Ufern der Bodden sind sie oft nur ein oder zwei Meter hoch; an der Außenküste hier und da über 30 Meter. Entstanden sind die Steilufer bereits vor rund 4000 Jahren. Manche sind seither durch die Abtragung um mehr als einen Kilometer zurückgewichen.

Viele von ihnen – die **inaktiven** oder **fossilen Kliffe** – sind längst bewachsen oder sogar bewaldet. An der Außenküste aber findet man auch markante **aktive Kliffe**, die noch immer von der Abtragung betroffen sind und daher keinen Bewuchs zeigen.

Karte:
Alle Steilufer an den Inselkernen (braun) – mit Ausnahme der an der Kreideküste auf Jasmund und am Kap Arkona (siehe nächste Seite) – bestehen aus relativ weichen, wenig verfestigten eiszeitlichen Ablagerungen.

Foto:
Dornbuschkliff auf Hiddensee – ein imposantes Steilufer aus eiszeitlichen Ablagerungen, aus Geschiebemergel, Geschiebelehm und Schmelzwassersand.

DIE KREIDEKÜSTE

STEILUFER AUS SCHREIBKREIDE

Die Kreidesteilküste im Nationalpark Jasmund ist Rügens größte landschaftliche Attraktion. Hier wurde die weiße Schreibkreide aus dem Untergrund emporgedrückt und bildet nun das etwa zwölf Kilometer lange Kliff zwischen Sassnitz und Lohme. Auch die Kreideküste ist beständig von der Abtragung betroffen. Sie wich in den vergangenen 4 000 Jahren an vielen Stellen um mehr als einen Kilometer zurück.

Am Kap Arkona gibt es ein weiteres markantes Kreidekliff, allerdings ein nur wenige hundert Meter langes.

Der Rügener Schreibkreide und ihren zahlreichen Fossilien ist ein ganzes Kapitel dieses Buches gewidmet (s. Seiten 50–68).

Foto: Kreidesteilküste auf Jasmund mit Wissower Klinken (links) und Ernst-Moritz-Arndt-Sicht (rechts)

DIE WITTERUNG ZERSTÖRT
STEILUFER OHNE BESONDERE FESTIGKEIT

Die eiszeitlichen Ablagerungen an den Steilufern auf Rügen und Hiddensee besitzen nur geringe Festigkeit. Der weit verbreitete Geschiebemergel (verwittert: Geschiebelehm) enthält sehr viel Ton. Die winzigen Tonpartikel sind in der Lage, Wasser aufzunehmen – zu quellen. Deshalb verlieren Mergel bzw. Lehm bei längeren Niederschlägen ihre Festigkeit. Sie beginnen zu rutschen oder gar zu fließen. Es kommt zu **Rutschungen**.

Wirkt der Frost auf das in den feinen Rissen des Steilufers vorhandene Wasser, so sprengt er die Ablagerungen regelrecht auseinander (Frostsprengung). Das gilt auch für die Kreide. So entstehen die **Abbrüche**, die manchmal von gewaltiger Dimension sind. Rutschungen und Abbrüche können für Strandwanderer sehr gefährlich werden (s. Seite 70/71).

Der an manchen Steilufern vorhandene Schmelzwassersand beginnt bereits zu rieseln, wenn er trocknet. Trägt das Wasser vom Fuße des Steilufers lockeren Sand ab, rutscht anderer von oben sofort nach.

Durch diese Vorgänge werden die Steilufer zerstört. Das Lockermaterial häuft sich am Fuße der Kliffs zu einer Halde an. An ihr haben dann die anstürmenden Wellen ein leichtes Spiel. Alles Feinere wird nun ausgespült und abtransportiert. Nur die groben Bestandteile bleiben liegen (s. Seite 12). So erhält das Kliff wieder seine urprüngliche Steilheit und die Verwitterung kann erneut wirken.

Wird das Lockermaterial nach Rutschungen oder Abbrüchen anschließend nicht abgetragen, so beginnt diese mäßig geneigte Halde langsam zu bewachsen. Dann wandelt sich ein aktives Kliff zu einem inaktiven. Eine schwere Sturmflut aber kann das Ganze wieder ändern, die Lockermassen abtragen und die Verwitterung erneut in Gang setzten.

großes Foto:
großer Abbruch am nördlichen Dornbuschkliff auf Hiddensee

Foto im Kreis:
winterliche Frostsprengung am Kreidekliff auf Jasmund

DAS MEER TRÄGT AB

LOCKERMASSEN WERDEN WEGGESPÜLT

Lockermassen, die regelmäßig im Winterhalbjahr bei Rutschungen und Abbrüchen auf den Strand stürzen, werden im Frühling alsbald von den anstürmenden Wellen aufgearbeitet. Nur größere, massive Brocken leisten dem Wasser noch einige Zeit lang Widerstand. Um besonders große Abbruchmassen abzutragen, braucht das Meer Monate oder sogar Jahre.
Ist dann alles Lockere weggespült, arbeitet das Wasser direkt am Kliff. Es glättet dessen Basis und formt hier und da eine Brandungshohlkehle. Nicht gelockerter Mergel, Lehm und Kreide widerstehen aber den Wellen, so dass es dabei nur zu einer verhältnismäßig geringen Abtragung kommt.

Lediglich Steilufer aus Sand leisten dem Wasser keinen Widerstand.
Beim Transport sortiert das Meer das abgetragene Material. Das Feinste, die winzigen Ton- und Kalkpartikelchen – der größte Teil der Lockermassen – wird vom Wasser aufgeschlämmt und bleibt in Schwebe. Es wird mit der Strömung oft über weite Entfernungen transportiert und später irgendwo am Meeresboden abgelagert.
Sand und Kies wandern im Wellenschlag und mit der Strömung parallel zum Ufer, also längs der Küste. Auf diese Weise gelangen sie in ruhigere Bereiche und werden dort abgelagert. Nur das Gröbste, die Steine also, bleibt am Strand vor den Steilufern zurück

Foto im Kreis: Die Brandung formt eine Hohlkehle am Fuße des Kreidekliffs auf Jasmund.

großes Foto: Das Meer ist dabei, Abbruchmassen am Lobber Ort/Mönchgut abzutragen.

DAS MEER BAUT AUF

STRÄNDE, SANDHAKEN UND NEHRUNGEN

*großes Foto:
neu gebildeter Sandhaken
am Lobber Ort/Mönchgut*

*Foto im Kreis:
Gobbiner Haken
bei Neu Reddevitz – ein
typischer Sandhaken*

Im Flachwasser vor den Stränden wird durch den Wellenschlag beständig Sand oder Kies bewegt – das kann jeder beim Baden oder Wandern beobachten. Bei normalem Wellengang sind es aber nur unerhebliche Mengen, die dabei umgelagert werden.

Bei einer Sturmflut dagegen transportiert das Wasser gewaltige Mengen Sand und Kies parallel zur Küste, von der Steilküste zur Flachküste. Lässt mit abnehmender Wellenbewegung die Transportkraft des Wassers nach, wird das Lockermaterial in Buchten oder im Flachwasser ausgeworfen. Zuerst „ernährt" das Meer die vorhandenen Strände, indem es neuen Sand heranschafft.

Außerdem entstehen schmale, langgestreckte **Strandwälle**, neues Land, zuerst oftmals kleine, flache Sandinselchen. Diese Strandwälle sind die Grundelemente für alle Bauwerke des Meeres – für Sandhaken, Nehrungen und Höftländer. Am Beginn steht immer der einzelne, im Flachwasser aufgeschüttete Strandwall, der oft hakenförmig gekrümmt ist und daher **Sandhaken** genannt wird (Beispiel: Gobbiner Haken bei Neu Reddevitz).

Lagern sich weitere Strandwälle an, so kann der Sandhaken viele Kilometer wachsen (Beispiele: Bessine und Gellen/Hiddensee, Bug). Trifft er auf einen anderen Sandhaken oder auf ein nahes Ufer, so entsteht eine **Nehrung** (Beispiele: Schaabe, Schmale Heide).

Schnürt die Nehrung eine kleinere Bucht ab, so entsteht ein **Strandsee**, ein Süßwassersee (Beispiel: Schmachter See bei Binz). Hier und da reihen sich an einem Landvorsprung mehrere Strandwälle hintereinander und bilden so ein **Höftland** (Beispiel: Palmer Ort/Zudar).

Die Rügenschen **Bodden** sind einstige größere Buchten der Ostsee, die durch Sandhaken und Nehrungen vom Meer abgeschnürt wurden. Sie besitzen aber noch breitere oder schmalere Verbindungen direkt zur Ostsee bzw. über andere Bodden dorthin. Es sind also keine Binnenseen. Sie enthalten salziges Wasser mit einem etwas geringeren Salzgehalt als die freie Ostsee.

STRANDSTEINE AUF RÜGEN

EINZIGARTIGE VIELFALT VON GESCHIEBEN

Die Steinstrände auf Rügen und Hiddensee sind bekannt durch ihre außerordentliche Vielfalt von Gesteinen. Auf einem hundert Meter langen Geröllstrand der Insel Rügen findet man Gerölle, die aus einem Areal von einigen Hunderttausend Quadratkilometer stammen können. Es sind alles Geschiebe – Gesteine, die das Inlandeis aus Skandinavien, dem Ostseeraum und unmittelbar benachbarten Gebieten hierher geschoben hat. Dabei wählte es natürlich nicht aus, sondern brachte alles mit, was ihm auf seiner langen Reise unterwegs im Wege lag. Hinzu kommen die zahlreichen Feuersteine aus der Rügener Schreibkreide.

Nur an wenigen anderen Küsten unserer Erde gibt es auf engstem Raum so viele unterschiedliche Gesteinsarten wie hier an der südlichen Ostsee. Selbst der Fachmann ist nicht in der Lage, sie alle „auf Anhieb" zu bestimmen. Die wichtigsten Gesteinsarten und Fossilien aber kann sogar der Laie ohne wesentliche Probleme erkennen – mit einer kleinen Anleitung wie auf den folgenden Seiten.

großes Foto: ausgewählte Strandgerölle – Gesteine und Fossilien von der Insel Rügen

Foto im Kreis: Geröllstrand am Granitzer Ort

Granit
ein Tiefengestein (Plutonit)
Gerölle ø ca. 5–15 cm

Foto im Kreis:
Granit, vergrößert,
Ausschnitt ø ca. 10 cm

Porphyr
ein Ergussgestein (Vulkanit)
Gerölle ø ca. 3–10 cm

Foto im Kreis:
Quarzporphyr, vergrößert,
Ausschnitt ø ca. 8 cm

KRISTALLINE GESTEINE

GRANIT, PORPHYR, GNEIS....

Alle Gesteine bestehen aus Mineralen. Bei den kristallinen Gesteinen bilden die Minerale meist deutlich erkennbarer Kristalle. Diese entstanden unter hohem Druck und hohen Temperaturen, z. B. bei Gebirgsbildungen.

Granit und **Porphyr** erstarrten aus glutflüssigen Schmelzen – aus Magma. Es sind **Magmagesteine (Magmatite)**. Granit ist ein **Tiefengestein (Plutonit)**, das tief in der Erdkruste aus Magma erstarrte und als charakteristische Minerale Feldspat, Quarz und Glimmer enthält. Er besitzt oft eine recht gleichmäßige Körnigkeit.

Porphyr ist ein **Ergussgestein (Vulkanit)**. Er erstarrte aus Lavaflüssen an der Erdoberfläche. In seiner feinen Grundmasse liegen größere Mineraleinsprenglinge, meist Feldspat und Quarz, wie die Rosinen im Kuchenteig.

Gneis ist ein **Umwandlungsgestein (Metamorphit)**. Auch er entstand bei gewaltigen Gebirgsbildungen. Dabei gelangten bereits vorhandene Gesteine wie Granit oder Tonschiefer tiefer in die Erdkruste. Dort gerieten sie unter gewaltigen Druck und große Hitze. Dabei verloren sie ihre ehemalige Beschaffenheit. Aus den ursprünglichen Bestandteilen bildeten sich neue Minerale – Kristalle, die oft platt gedrückt oder langgestreckt sind. Auch zeigt der Gneis ein anderes, gut erkennbares Gefüge: das Gestein erscheint gestreift, geschichtet oder gebändert, oft auch gefaltet.

Granit, Porphyr und Gneis sind Geschiebe aus Skandinavien. Sie zählen zu den häufigsten Strandsteinen.

Gneis
ein Umwandlungsgestein (Metamorphit)
Gerölle ø ca. 4–15 cm

Foto im Kreis:
Augengneis, vergrößert,
Ausschnitt ø ca. 6 cm

Foto:
*Der **Siebenschneiderstein** am Gell Ort, ein 90 Tonnen schwerer Findling aus schwedischem Granit, markiert zuverlässig den nördlichsten Punkt der Insel Rügen.*

Karte:
Lage der 14 größten Strandsteine auf Rügen – so wie in der Tabelle unten aufgelistet

Die größten Strandsteine auf Rügen

1. ***Buskam, vor Göhren***
   200 m^3, 550 t, Hammer-Granit
2. ***Findling Blandow, bei Lohme***
   55 m^3, 154 t, Filipstad-Granit
3. ***Schwanenstein, Lohme***
   54 m^3, 151 t, Hammer-Granit
4. ***Uskam („Klein Helgoland"), Sassnitz** - 40 m^3, 112 t, Halen-Granit*
5. ***Siebenschneiderstein, Gell Ort***
   32 m^3, 90 t, Karlshamn-Granit
6. ***Jasmundstein, Kollicker Ort***
   27 m^3, 73 t
7. ***Fritz-Worm-Stein, Lobber Ort***
   23 m^3, 65 t, Växjö-Granit
8. ***Waschstein, vor Stubbenkammer***
   18 m^3, 50 t
9. ***Svantekas, östlich Glowe***
   18 m^3, 50 t, Växjö-Granit
10. ***Zickersches Höft (Nord), Groß Zicker** - 15 m^3, 42 t Vänge-Granit*
11. ***Jaromar (Kosegartenstein), Putgarten** - 15 m^3, 42 t, Gneis*
12. ***Findling Gelbes Ufer, Zudar***
    14 m^3, 40 t, Växjö-Granit
13. ***Möwenstein, Ummanz***
    13,5 m^3, 38 t, Hammer-Granit
14. ***Putgarten, Wittower Nordstrand***
    12 m^3, 34 t, Gneis

DIE GRÖSSTEN STRANDSTEINE

FINDLINGE AUS GRANIT UND GNEIS

Staunend steht der Strandwanderer vor ihnen. Die größten aller Strandsteine auf Rügen sind wahrhaft gewaltige Brocken, Dutzende Tonnen schwer. Man bezeichnet sie als Findlinge, weil man sich früher ihre Herkunft nicht erklären konnte. Diese besonders großen Geschiebe bestehen fast alle aus Granit, nur wenige aus Gneis. Allein diese sehr festen Gesteine bilden so große, massive Brocken, dass sie den Eistransport unbeschadet überstehen konnten. Auch der größte aller norddeutschen Findlinge ist auf Rügen zu sehen – leider nur aus der Ferne. Der 550 Tonnen schwere Buskam liegt in der Ostsee vor Göhren, etwa 350 Meter vom Strand entfernt und ragt nur etwa 1,5 Meter weit aus dem Wasser. Wie viele andere große Geschiebe auf Rügen besteht er aus Hammer-Granit. Er stammt vom Hammerknuden, einem gewaltigen Granitbuckel an der Nordwestspitze von Bornholm. Von dort sind es nach Rügen etwa 100 Kilometer.

Sandstein
ein Ablagerungsgestein (Sedimentgestein)
Gerölle ø ca. 5–15 cm
Foto im Kreis: Sandstein, vergrößert
Ausschnitt ø ca. 10 cm

Die meisten **Ablagerungsgesteine** (Sedimentgesteine), die man am Strand findet – so auch Sandstein und Kalkstein – wurden am Meeresboden abgelagert (sedimentiert). **Sandstein** setzt sich aus winzigen, aber meist gut erkennbaren Körnchen zusammen – aus Sandkörnern (s. Seite 9). Daran und an der meist gut sichtbaren Schichtung ist er leicht zu erkennen.

Beim Sandstein ist der ursprünglich lockere Sand durch ein Bindemittel zementiert. Dieses Bindemittel verleiht ihm auch die recht unterschiedliche Färbung, denn die einzelnen Sandkörnchen selbst sind farblos bis weißlich.

Manchmal enthält der Sandstein sehr viel Kalk. In solchem **Kalksandstein** sind hin und wieder viele Schalenreste von Meerestieren eingelagert (s. Seite 44)

Einige der Sandsteine wurden bei Gebirgsbildungen unter Hitze und Druck zu **Quarzit** umgewandelt – zu einem metamorphen Gestein. Es gehört zu den allerhärtesten Strandsteinen.

ABLAGERUNGSGESTEINE
SANDSTEIN UND KALKSTEIN

Kalksteine sind Ablagerungsgesteine, die fast alle ihren Ursprung in kalkigen Schalenresten von Meerestieren haben. Meist waren es mikroskopisch kleine Kalkpartikelchen, die am Meeresboden als Schlamm abgelagert wurden, der sich später zu Kalkstein verfestigte. Darin eingeschlossen sind oft **Fossilien** – größere Schalenreste von Muscheln, Schnecken, Armfüßern, Korallen, Kopffüßern u. a. (s. Seiten 40–43). Manche Kalksteine bestehen sogar ausschließlich aus solchen „Makrofossilien", deren Struktur an der Oberfläche einiger Kalkgeschiebe deutlich sichtbar ist.

Kalkstein
ein Ablagerungsgestein (Sedimentgestein)
Gerölle ø ca. 5–15 cm
Foto im Kreis: Korallenkalk
Ausschnitt ø ca. 20 cm

großes Foto:
Alles Feuerstein!
Feuersteingerölle, die meist an der Oberfläche anders gefärbt sind als innen und alle zu einem der beiden „Grundtypen" auf der rechten Seite gehören ø ca. 2–10 cm

Feuerstein kennt jeder – er ist der häufigste Strandstein auf Rügen. Seinen Namen erhielt das sehr harte, spröde Gestein von seiner früheren Verwendung: Feuerstein, Stahl und Zunderschwamm bildeten das „Feuerzeug". Feuerstein ist härter als Stahl!

Auch Feuerstein zählt zu den Ablagerungsgesteinen; auch er entstand am Grunde des Meeres, oder besser: im Meeresboden, im noch lockeren, feuchten Kalkschlamm. Dort kam es zur Ausscheidung von Kieselsäure, die den Kalkschlamm verdrängte, sich zu gallertartigen Knollen konzentrierte und schließlich steinhart wurde. Feuerstein bildet also keine Schichten, sondern größere oder kleinere, sehr unregelmäßig geformte Knollen als Einlagerungen in der Schreibkreide (s. Seite 52) oder im Dankalk.

FEUERSTEIN

DER HÄUFIGSTE ALLER STRANDSTEINE

Wer genau hinschaut, wird an Rügens Stränden zwei sehr unterschiedlich gefärbte Feuersteinarten finden. Zuerst natürlich den dunklen **Schreibkreide-Feuerstein**, der vielfach überwiegt und an der Kreideküste fast allein vorkommt.
An den übrigen Stränden findet man auch den hellgrauen, wenig auffallenden und nicht so spröden **Dankalk-Feuerstein**. Er stammt aus den Kreidekalken des Tertiär, die in Dänemark und Südschweden weit verbreitet sind.
Feuerstein kann aber auch ganz anders aussehen – so wie es das große Foto zeigt. Die sehr unterschiedliche Färbung hat er allerdings nur an der Oberfläche. Unter dieser **Patina** verbirgt sich fast immer „normaler“ Schreibkreide- oder Dankalk-Feuerstein.

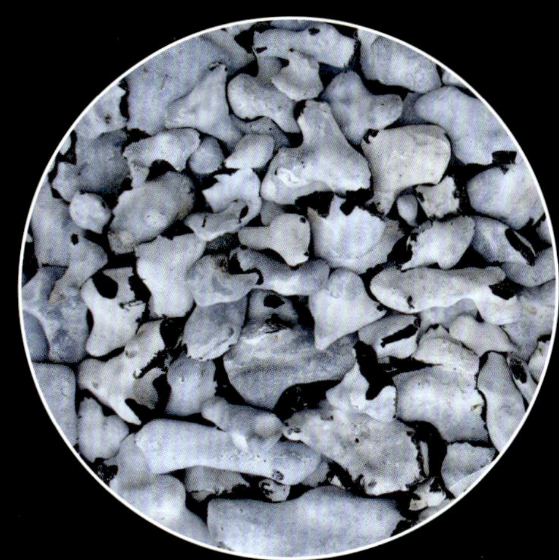

im oberen Kreis:
Schreibkreide-Feuerstein
Gerölle ø ca. 5–15 cm

im unteren Kreis:
Dankalk-Feuerstein
Gerölle ø ca. 5–15 cm

Viel mehr über Feuersteine erfährt man im Buch ***„Feuersteine, Hühnergötter“*** *(s. Seite 80)*

HÜHNERGÖTTER
SAGENUMWOBENE LOCHSTEINE

Sie sind heute allgemein bekannt als **Hühnergott** – die durchlöcherten Feuersteine, die auch auf Rügen zu den besonders begehrten Strandfunden zählen. Jeder Strandwanderer möchte gern einen mit nach Hause nehmen.

Wie bei allen anderen Feuersteinknollen ist auch bei diesen Lochsteinen die Form (also auch das Loch) eine Zufallsbildung und nur selten anders zu erklären.

Foto: Hühnergötter ca. 2–20 cm

Mancher glaubt an die magischen Kräfte von Hühnergöttern. Deshalb werden sie oft als Talisman getragen. Schon früher hängte man größere Lochsteine als „Viehgötter" zum Schutz des Viehs vor Gefahren aller Art in die Türöffnungen der Kuh- und Pferdeställe. Der Begriff „Hühnergott" aber geht wohl auf das 1963 erschienene Büchlein „Der Hühnergott" von Jewgeni Jewtuschenko zurück. In dieser kleinen, auf der Krim am Schwarzen Meer spielenden Liebesgeschichte des russischen Autors kommt auch ein Lochstein vor. Und für den verwendet Jewtuschenko die auf der Krim übliche Bezeichnung „Hühnergott", die auf einen Brauch der dort ansässigen Tataren zurückgeht. Diese hängten oder legten durchlöcherte Steine in die Hühnerställe, um das Federvieh vor Krankheit zu schützen.

WALLSTEINE

PERFEKT GERUNDETE FEUERSTEINE

Perfekt gerundete und wie poliert erscheinende kleine Feuersteine nennt man **Wallsteine**. Hier handelt es sich um uralte Strandgerölle aus **Feuerstein** unterschiedlicher Art. Man vermutet, dass sie vor etwa 57 Millionen Jahren sehr lange Zeit in der Brandung des Tertiärmeeres bewegt worden sind und dabei ihre auffallende Form und Oberfläche erhielten. Anschließend wurden die Wallsteine vermutlich am früheren Ufer zu Strandwällen angehäuft – daher ihr Name. Woher sie aber genau kommen, ist heute nicht mehr festzustellen. Denn alle entsprechenden Ablagerungen wurden vom Inlandeis abgetragen und die Wallsteine – genau wie die anderen Feuersteine – als Geschiebe über ein riesengroßes Gebiet verstreut.

Diese kleinen „Handschmeichler“ liegen auf Rügen und Hiddensee überall im Strandgeröll – besonders oft auf Mönchgut. Wallsteine haben meist eine Patina – sie sind also oberflächlich verfärbt und besitzen einen grauen oder schwarzen Kern.

Foto: Wallsteine ø ca. 1,5–8 cm

FOSSILIEN AUS DER FERNE
MEERESTIERE AUS DEM ERDALTERTUM

Zu den besonderen Strandsteinen auf Rügen zählen **Kalksteine mit Fossilien**, die das Eis als Geschiebe aus der Ferne mitbrachte – von den schwedischen Inseln Öland und Gotland. Es handelt sich um Kalksteine aus Kambrium, Ordovizium und Silur. Sie enthalten zahlreiche Reste verschiedenster Meerestiere in großer Artenzahl. Mit diesen Fossilien beschäftigen sich bevorzugt Geschiebeforscher – ebenso wie wissenschaftlich arbeitende Sammler.

Hier und auf Seite 42 sind nur einige wenige Beispiele für Kalksteine mit Fossilien abgebildet. Solche Stücke kann man oft auch ohne „Hammereinsatz" finden.
Relativ häufig sind die durch ihre Kammerung auffallenden Reste langgestreckter Kopffüßer (Orthoceren) im Roten oder Grauen Orthocerenkalk („Ölandstein"). Auch Brachiopodenkalk mit den Abdrücken von muschelartigen Armfüßern sind nicht selten zu finden.

Armfüßer

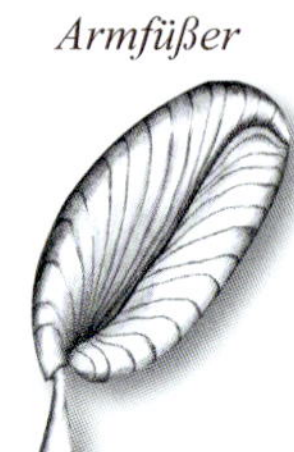

Armfüßer (Brachiopoden)
Schalen im Bachiopodenkalk
Silur, Heimat: Gotland
Kalkstein Länge ca. 12 cm

im Kreis: herausgewitterte Exemplare (ø ca. 1–2 cm) aus dem Strandkies

Dreilappkrebse (Trilobiten)
Reste im Stinkkalk (rechts)
Kambrium, Heimat: Öland
Größe 20 cm
im Kreis (ø 4 cm): vergrößert

Kopffüßer (Orthoceren)
Reste im Orthocerenkalk
Ordovizium, Heimat: Öland
Stücke ca. 8–20 cm lang

Dreilappkrebse (Trilobiten)
Reste im Orthocerenkalk
Ordovizium, Heimat: Öland
ø ca. 4–15 cm

FOSSILIEN AUS DER FERNE
MEERESTIERE AUS DEM ERDALTERTUM

Korallenreste sind im Strandgeröll gar nicht so selten zu finden. Dabei handelt es sich um abgerollte Einzelkorallen oder um kleine Korallenstöcke. Auch sie stammen von der Insel Gotland – dort wo es im Silur ein warmes Meer mit Korallenriffen gab. Daraus entstanden jene fossilreichen Kalksteine, die das Inlandeis mitbrachte. Während die Korallenreste durchaus den heute lebenden Korallen ähnlich sind, erscheinen die an Laubsägeblätter erinnernden Reste der längst ausgestorbenen Graptolithen sehr fremdartig.

Recht häufig an Rügens Stränden sind auffallend gezeichnete Sandsteine oder Quarzite – so wie sie das Foto rechts zeigt. Dabei handelt es sich um die Spuren von Tieren, die im sandigen Meeresboden gruben. Welche es waren, kann man nur vermuten – vielleicht Würmer.

Einzelkorallen
abgerollt,
aus Kalksteinen
Silur, Heimat: Gotland
Größe ca. 2–4 cm

Korallenstöcke
abgerollt
aus Kalksteinen
Silur, Heimat: Gotland
Größe ca. 4–15 cm

Lebensspuren
im Scolithus-Sandstein bzw. Scolithus-Quarzit Kambrium Heimat: Schonen Größe ca. 8–16 cm

Graptolithen
im Kalkstein (Graugrünes Graptolithengestein) Silur, Heimat: Gotland Größe ca. 6 cm

Graptolithen
im Tonschiefer Silur, Heimat:Bornholm Größe ca. 20 cm

Dogger-Geschiebe
mit Schalenresten im Kalksandstein, Jura (Dogger)
Heimat: Ostseegebiet nahe Rügen
Länge des Stückes ca. 24 cm

im Kreis:
Ammonit aus einem Doggergeschiebe (ø 4 cm)

Turritellengestein
Turmschnecken im Kalksandstein, Tertiär
Heimat: Ostseegebiet nahe Rügen
Länge des Stückes ca. 22 cm

FOSSILIEN AUS DER UMGEBUNG
AUS ERDMITTELALTER UND ERDNEUZEIT

Manche der fossilreichen Ablagerungsgesteine, die man als Geschiebe findet, stammen aus der unmittelbaren Nachbarschaft Rügens. Hier entstanden nicht nur während der Kreide, sondern auch im Jura und Tertiär interessante Meeresablagerungen. Es handelt sich um auffallende, oberflächlich gelblichbraune, Gesteine mit eingelagerten hellen Schalen von Meererstieren. Diese **Kalksandsteine** sind „fossile Meeresböden", die einst im Flachwasser unweit der Küste entstanden. Davon gibt es zwei typische Arten, die einander äußerst ähnlich sind und sich am deutlichsten durch ihren Fossilinhalt unterscheiden: **Dogger-Geschiebe** aus dem Jura (ca. 160 Millionen Jahre alt) und **Turritellengestein** aus dem Tertiär (ca. 37 Millionen Jahre alt).

Enthält das Gestein die Reste von Kopffüßern wie z. B. Ammoniten, so stammt es sicher aus dem Jura (Ammoniten waren im Tertiär schon ausgestorben). Charakteristisch für das Turritellengestein aus dem Tertiär sind die langen Turmschnecken, nach denen das Gestein benannt wurde.

Nicht selten findet man im Strandgeröll bräunlich gefärbte Gebilde, die an versteinerte Tannenzapfen erinnern. Sie stammen aus Meeressanden, die sich im Tertiär ablagerten. Es sind Lebensspuren – die Ausfüllungen der Grabspuren zehnfüßiger Krebse, die keinen deutschen Namen haben – dafür aber einen sehr schönen lateinischen: *Ophiomorpha nodosa*.

Lebensspuren
aus eisenhaltigem Sandstein, Tertiär
Heimat: Ostseegebiet nahe Rügen
Länge ca. 6–12 cm

BERNSTEIN

DAS GOLD DES MEERES AN RÜGENS STRÄNDEN

Rügen ist auch eine „Bernsteininsel“. Aber man findet das Gold des Meeres längst nicht überall und nicht in jeder Jahreszeit. Deshalb ist es gut, einiges zu wissen: Im Vergleich zu allen anderen Strandsteinen ist Bernstein viel leichter und wesentlich weicher. Trotzdem ist er natürlich ein Gestein (kein Mineral!). Er zählt – wie die Kohlen – zur Gruppe der brennbaren Gesteine. Seine spezifischen Eigenschaften führen dazu, dass man ihn nicht zwischen den anderen Steinen im Strandgeröll findet, sondern an Sandstränden.

Bernstein besitzt als verfestigtes Harz eine geringe Dichte, die nur wenig über der des Meereswassers liegt. Daher gelangt er bei Sturm in Schwebe und wird im Spiel der Wellen hin- und hergespült. Lässt die Kraft des Windes nach, so bleibt er manchmal am Sandstrand zurück. Dort liegt er dann im dunklen Angespül, das etwa die gleiche Dichte besitzt – hauptsächlich Holzreste, kohliges **Rollholz**, das so aussieht wie es das Arrangement unten zeigt. Bernstein findet man also prinzipiell an allen Sandstränden, hauptsächlich an der Außenküste.

Die besten Fundmöglichkeiten bestehen im Winterhalbjahr, unmittelbar nach einem auflandigen Sturm, an den rechts oben aufgelisteten Stränden. Dann heißt es allerdings, rechtzeitig zur Stelle zu sein, denn die Zahl der Interessenten ist groß. Vielfach herrscht nach einem Sturm an den besonders fündigen Stränden regelrechte Goldgräberstimmung. Manche suchen bereits nachts mit der Taschenlampe. Andere erscheinen mit Wathose und Kescher. Trotzdem hat auch die spätere „Nachlese“ (so wie auf dem Foto) oft noch Erfolg. Dabei wird das Rollholz gründlich durchsucht und so manches schöne, anfangs übersehene Stück gefunden.

Foto (Montage)
*unten: typisches **Rollholz** mit Bernstein*
darüber: Strandwanderer an der Schaabe suchen im Rollholz nach Bernstein

*Alles über Bernstein erfährt man im Buch **„Bernstein–Gold des Meeres“** (s. Seite 78)*

Die besten Bernsteinstrände

__Hiddensee__: Außenstrand zwischen Kloster und Neuendorf
__Schaabe__: Strand zwischen Glowe und Juliusruh
__Schmale Heide__: Strand zwischen Mukran und Binz
__Mönchgut__: Strände zwischen Baabe und Göhren sowie zwischen Lobbe und Thiessow

BERNSTEIN

WIE MAN IHN AM BESTEN ERKENNT

Eine ganze Handvoll gelblicher Steine bringt da ein glücklicher Finder mit nach Hause. Doch er ist skeptisch, ob das alles Bernstein ist. Wie aber am besten prüfen?
Oft empfohlen wird die **Reibeprobe**: Reibt man ein Bernsteinstück auf Stoff aus Seide oder Synthetik, so lädt er sich als guter Isolator statisch auf. Dann ist er in der Lage, winzige Papierschnipselchen anzuziehen. Das funktioniert aber erfahrungsgemäß nur selten und nur bei Stücken, die deutlich größer sind als eine Walnuss.
Bernstein brennt! Mit dem Feuerzeug und etwas Geduld kann man ihn tatsächlich entzünden. Er brennt mit heller, stark rußender Flamme. Nach dieser **Brennprobe** hatte man Bernstein. Sein Name rührt übrigens her von seiner Brennbarkeit: „brennen" heißt im Niederdeutschen „börnen". Aus dem „Börn-steen" wurde der Bernstein.

Die **Ritzprobe** mit der Messerspitze oder mit einer Nadel hinterlässt auf dem relativ weichen Bernstein deutliche Kratzer – allerdings auch auf einem abgeschliffenen Donnerkeil. Ein Kieselstein wird dabei nicht geritzt. Auf ihm bleiben nur Metallspuren zurück.
Löst man in einem Trinkglas voll Leitungswasser zwei gehäufte Esslöffel Kochsalz, so erhält man eine Salzlösung, deren Dichte größer ist als die von Bernstein. Bei dieser **sehr sicheren Schwimmprobe** bleiben die Bernsteinstücke an der Oberfläche. Alles andere sinkt sofort zu Boden – in reinem Leitungswasser tut das auch Bernstein.
Bei der **Bissprobe** merkt man recht gut, ob man auf ein Stück Bernstein oder auf einen harten Kieselstein beißt. Dabei wäre zu überlegen, ob die eigenen Zähne dazu wirklich geeignet sind.

Bernsteinvarietäten
Geschliffene und polierte Bernsteinstücke – sie zeigen die ganze Vielfalt dieses wunderschönen Naturmaterials, das man auch auf Rügen finden kann.

Strandfunde - alles Bernstein?

Oft ist sich der Sammler seiner Sache nicht sicher, ob alle Stücke, die er gefunden hat, wirklich „echt" sind.

Die Schwimmprobe

Bernstein sinkt im Süßwasser (Leitungswasser) und im Ostseewasser ebenso zu Boden wie alle anderen Steine oder Glas.

Bernstein schwimmt auf einer konzentrierten Salzlösung (2 Esslöffel Kochsalz auf 200 ml Wasser) – alles Andere sinkt zu Boden.

RÜGENER SCHREIBKREIDE

IM KREIDEMEER ABGELAGERTES KALKGESTEIN

Die Rügener Schreibkreide ist ein weiches, weißes **Kalkgestein**. Die Bezeichnung des Gesteins rührt her von seiner früheren Verwendung als Schultafelkreide.
Schreibkreide entstand vor rund 67 Millionen Jahren am Grunde des Kreidemeeres, eines hier etwa 100–200 m tiefen, warmen Randmeeres, in dem zahlreiche verschiedene Tiergruppen lebten – vom Einzeller bis zum Saurier.
Die Schreibkreide besteht fast ausschließlich aus den kalkigen Schalenresten dieser Meeresorganismen. Eine unvorstellbar große Zahl allerkleinster Kalkschalen einzelliger Meerestiere bildet ihre Grundmasse. Das Meiste davon sind winzigste runde Kalkscheibchen einzelliger **Panzergeißeltierchen** (Coccolithophoriden) – kleiner als 0,01mm und nur mit dem Elektronenmikroskop erkennbar. Diese Kalkscheibchen – **Coccolithen** – bilden etwa 3/4 der Grundmasse der Kreide.
Aus dem daraus entstehenden Kreideschlamm am Grunde des Meeres bildete sich pro Jahr nur eine etwa 0,3 Millimeter dicke Kreideschicht – in 100 Jahren also maximal drei Zentimeter.
Lediglich etwa acht Prozent der Bestandteile der Schreibkreide sind größer als ein Zehntelmillimeter. In der Schreibkreide eingeschlossen sind zahlreiche Feuersteine (s. nächste Doppelseite) und größere Fossilien – Reste von Meerestieren aus der Kreidezeit (s. Seiten 60–67).

*Foto:
das Kreidekliff von Stubbenkammer mit Königsstuhl (hinten) und Victoriasicht*

*Zeichnung:
ein mit Kalkscheibchen (Coccolithen) gepanzerter Weichkörper eines Panzergeißeltierchens (Coccolithophorid)
ø ca. 0,01 mm*

RÜGENER FEUERSTEIN

IM KREIDEMEER ABGELAGERTES KIESELGESTEIN

Häufigste Einlagerung in der Schreibkreide ist Feuerstein – ein **Kieselgestein** – dunkelgrau oder fast schwarz, mit dünner weißlicher Rinde – so kennt ihn jeder. Er ist so charakteristisch für Rügen, dass man ihn machmal sogar als „Rügenfeuerstein“ bezeichnet.

Feuerstein besteht aus Kieselsäure. Sie hat ihren Ursprung in Meerestieren – in den allerfeinsten Skelettnadeln von **Kieselschwämmen**, vor allen Dingen aber in den mikroskopisch kleinen, filigranen, hauchzarten Skeletten einzelliger **Kieselalgen**. Auch sie lebten in großer Menge. Starben diese Organismen, so wurden sie im feuchten Kreideschlamm eingebettet. Dort lösten sich ihre Kieselskelette. Nach und nach reicherte sich dadurch die gelöste Kieselsäure im Kreideschlamm an. Sie konzentrierte sie sich – immer erst nach längeren Zeiträumen – in gallertartigen Klumpen, die später zu steinharten **Feuersteinknollen** wurden, von denen, in ihrer Form, keine der anderen gleicht. Jeweils in einer bestimmten Kreideschicht angereichert, erscheinen sie am Steilufer, an dem die Schichten angeschnitten sind, als **Feuersteinbänder**. Sie durchziehen die Kreide in relativ gleichmäßigen Abständen – so wie es das große Foto zeigt. Ausnahmsweise tritt der Feuerstein aber auch in plattiger Form, in dünnen Schichten auf.

Wird die vom Kliff abgebrochene Kreide vom Meer ausgespült, bleiben die Feuersteine zurück und bilden den charakteristischen **Feuerstein-Geröllstrand** der Kreideküste. Frisch aus der Kreide herausgespülte Feuersteinknollen besitzen oft bizarre, die Fantasie anregende Formen. Die aber bleiben nicht lange erhalten. Denn dieser Rügener Feuerstein ist zwar sehr hart (härter als Stahl!), aber er splittert auch recht leicht. So kommt es, dass die Knollen in der Brandung alsbald abgeschliffen und immer kleiner werden. Dadurch verschwindet auch die charakteristische weiße Rinde.

großes Foto: Feuersteinbänder im Kreidekliff am Stubbenhörn auf Jasmund

Foto im Kreis (ø ca. 1 m): Aneinander gereihte Feuersteinknollen bilden Feuersteinbänder.

Zeichnungen links: verschiedene Kieselalgen ca. 100-fach vergrößert

Viel mehr über Feuersteine erfährt man im Buch ***„Feuersteine, Hühnergötter“*** *(s. Seite 80)*

DAS KREIDESTEILUFER

DIE LAGERUNG DER SCHREIBKREIDE

Das Kreidesteilufer im Nationalpark Jasmund zwischen Sassnitz und Lohme ist das höchste und sicher auch das schönste Steilufer Deutschlands. Der Königsstuhl in der Stubbenkammer ist mit 117 Meter Höhe der höchste Punkt an der deutschen Küste, der zweithöchste im gesamten Ostseeraum. Einzigartig ist die Kreideküste nicht. Sie hat eine ebenso schöne „Schwester" auf der dänischen Insel Møn – Møns Klint. Und der Königsstuhl hat dort einen „Bruder", den 134 Meter hohen Dronningestolen (Königinnenstuhl).

Wer die Steilufer genau betrachtet, der merkt bald, dass an vielen Stellen streifenförmig Geschiebemergel und Schmelzwassersand eingelagert sind, die eigentlich gar nicht dorthin gehören. Diese ungewöhnliche Situation wird so erklärt: Der starre, bis tief in den Untergrund gefrorene Kreidekomplex von Jasmund wurde vom letztmals vorrückenden Inlandeis wie von einer gigantischen Planierraupe gerammt. Dabei entstanden gewaltige Schreibkreideschollen, die sich dachziegelartig übereinander schoben. So wurden die Schichten aus ihrer ursprünglich horizontalen Lagerung gebracht und schräg oder sogar senkrecht gestellt. Dabei gelangten auch bereits auf der Kreide vorhandene eiszeitliche Ablagerungen („Pleistozänstreifen") zwischen die Kreideschollen. Die Schichtung der Schreibkreide erkennt man am Verlauf der Feuersteinbänder.

großes Foto:
Kreidesteilufer an der Mündung des Kieler Baches

Grafik:
charakteristische Lagerung von Schreibkreide und Pleistozänstreifen

DAS KREIDESTEILUFER

DER SÜDLICHE TEIL

Der schönste Blick auf die Kreideküste ist sicher der von See her. Dabei bekommt man den besten Überblick über die abwechslungreichen Ufer. Bekrönt wird die Steilküste vom herrlichen Buchenwald der **Stubnitz**, der zum Weltnaturerbe der UNESCO zählt und in dem man ausgedehnte Wanderungen längs der Küste unternehmen kann.

SASSNITZ-WEDDING

GAKOWER UFER

Wissower Bach

WISSOWER UFER

Anschluss rechts oben

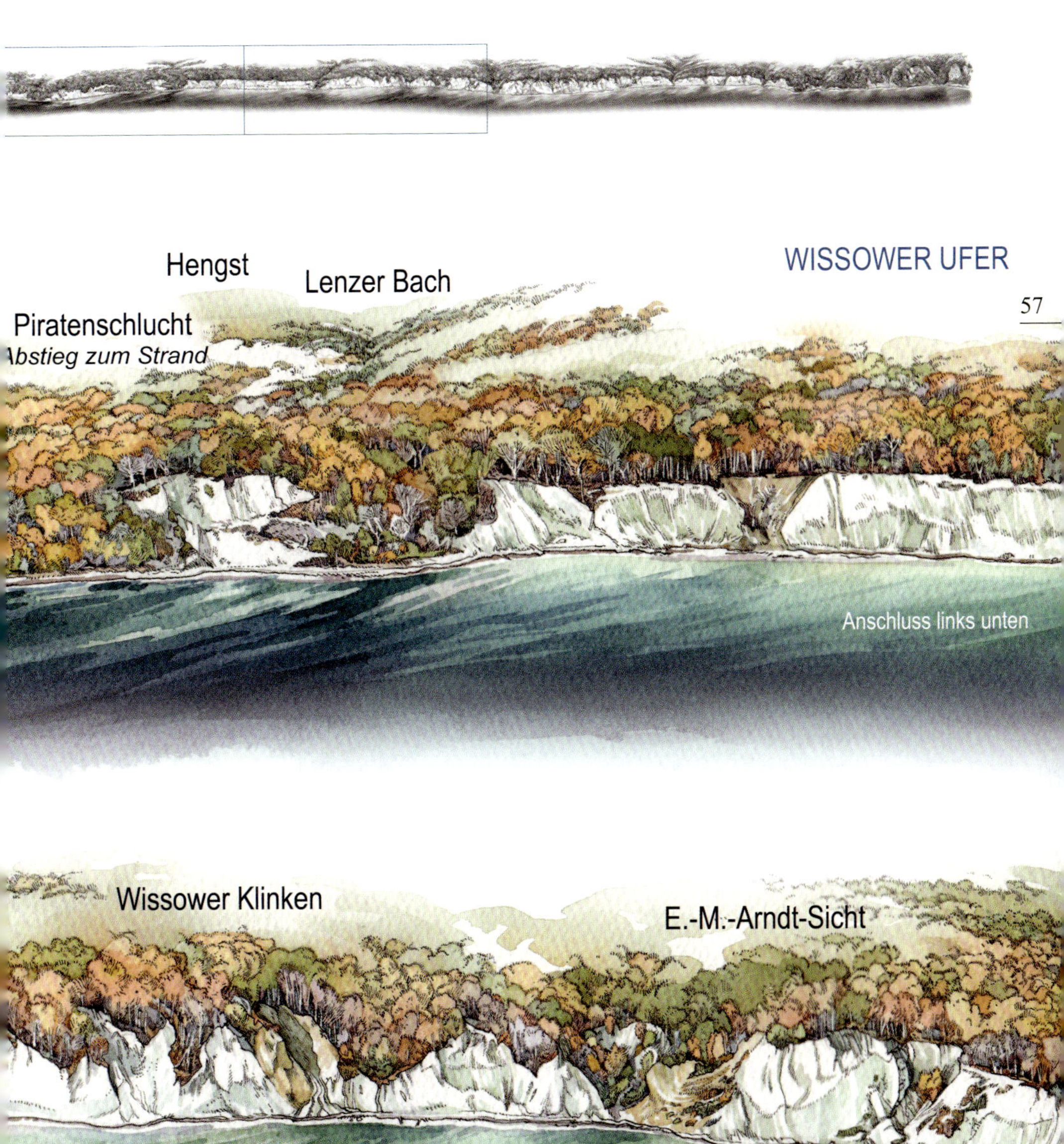
Hengst
Lenzer Bach
WISSOWER UFER
Piratenschlucht
bstieg zum Strand
Anschluss links unten
Wissower Klinken
E.-M.-Arndt-Sicht
Anschluss nächste Seite

DAS KREIDESTEILUFER
DER NÖRDLICHE TEIL

Besonders beeindruckend sind die Kreidesteilufer im sanften Halbrund zwischen Kieler Ufer und Kollicker Ort. Die Krönung der gesamten Kreideküste ist aber mit Sicherheit **Stubbenkammer**, ihr höchster Teil. Dazu zählen die Kreidezinnen von **Königsstuhl** (117 Meter hoch), **Victoria-Sicht** sowie der Feuerregenfelsen nördlich des Königsstuhles.

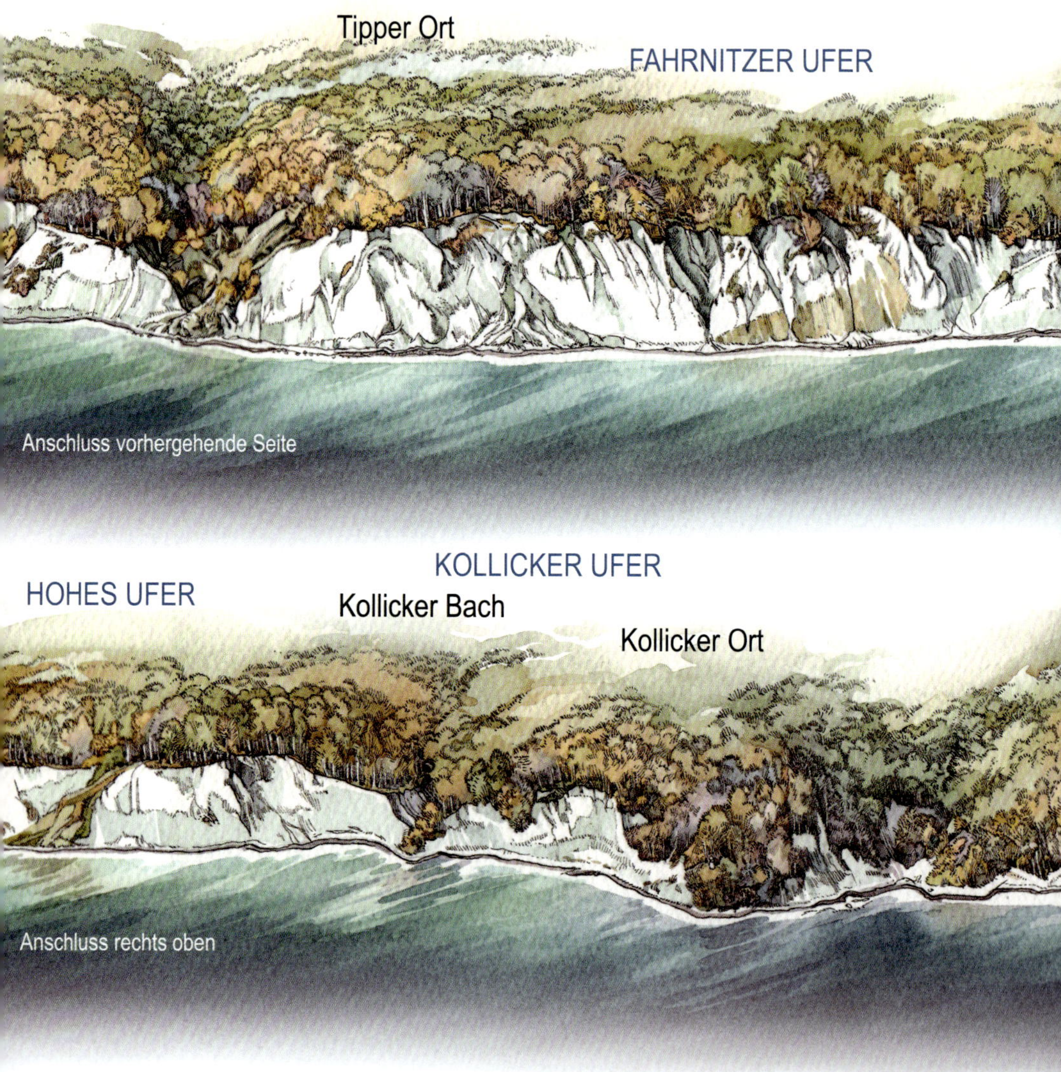

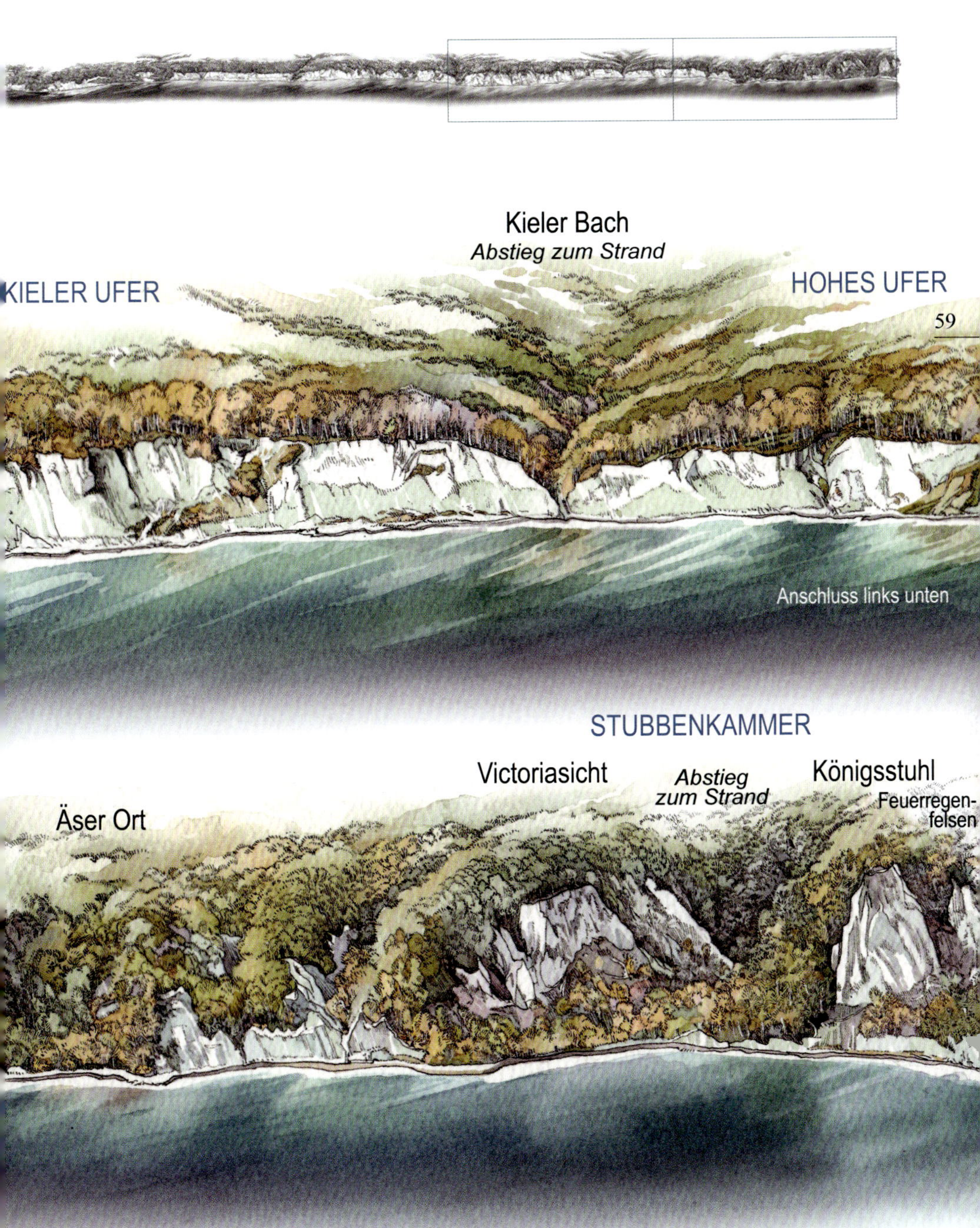
Kieler Bach
Abstieg zum Strand
KIELER UFER
HOHES UFER
Anschluss links unten
STUBBENKAMMER
Victoriasicht
Abstieg zum Strand
Königsstuhl
Feuerregen-felsen
Äser Ort

KREIDEFOSSILIEN
RESTE VON LEBEN AUS DEM KREIDEMEER

Jeder kennt **Donnerkeile**, die länglichen, gelblichen Kalkrostren von **Belemniten**. Das waren kalmarähnliche Tintenfische, die am Ende der Kreidezeit ausstarben. Sie schwammen (wahrscheinlich als Schwärme) in großer Zahl im Freiwasser des Kreidemeeres – dort, wo sich ebenfalls Nautilus, Ammoniten, Fische und natürlich auch Saurier tummelten.

Auch am Grunde des recht flachen, gut durchlüfteten Kreidemeeres gab es reichlich Leben. Dort bewegten sich zahlreiche Seeigel, Seesterne, Seegurken, Schnecken und Krebse verschiedenster Art über den weichen Meeresboden. Schwämme, Korallen, Armfüßer, Muscheln und Seelilien wuchsen auf den wenigen festen Stellen des schlammigen Grundes – oft auf den Schalen noch lebender oder abgestorbener Tiere.

Zeichnung:
Rekonstruktion eines Belemniten, eines bereits vor 67 Millionen Jahren ausgestorbenen Kopffüßers. Die Spitze ist das ***Rostrum****, der Donnerkeil.*

Foto:
gut erhaltene Donnerkeile – Kalkrostren von Belemniten Länge ca. 8–10 cm

Es fällt auf, dass nur die Reste bestimmter Tiergruppen erhalten blieben. Die Knochen der zahlreichen Wirbeltiere (Fische, Saurier) fehlen als Fossilien fast völlig. Zähne von Fischen sind sehr selten, die des gewaltigen Mosasaurus (in der Ausstellung des Kreidemuseums Gummanz nachgebildet, s. Seite 76) absolute Raritäten. Gehäuse von Schnecken, Nautilus und Ammoniten findet man nur als schlecht erkennbare Abdrücke in der Kreide. Die Knochen bzw. Schalenreste dieser Tiergruppen wurden nach ihrer Einbettung im Kreideschlamm ebenso zersetzt, wie die Weichteile aller im Kreidemeer lebenden Organismen – sie gingen spurlos verloren.

Die harten Schalen oder Gehäuse mancher Tiergruppen sind dagegen oft in großer Zahl als Fossilien zu finden. Die wichtigsten davon sind auf den folgenden Seiten abgebildet. Für den Sammler ist es am einfachsten, die vom Meer aus der Kreide herausgewaschenen Fossilien zwischen dem Feuersteingeröll des Strandes zu suchen. Dort sind allerdings nur die stabilen Reste der größeren Fossilien, oft bereits zerbrochen, zu finden. Und diese Funde halten sich von ihrer Anzahl her sehr in Grenzen. Viel erfolgversprechender ist die Suche nach Kleinfossilien (s. Seite 66).

Die Suche direkt in der Kreide und das Herauslösen der oft sehr dünnschaligen und zerbrechlichen Fossilien bedarf einiger Erfahrung, die man z. B. auf einer vom Kreidemuseum Gummanz veranstalteten Exkursion erwerben kann (s. S. 79).

Foto oben:
Rarität – kleiner Zahn eines Mosasaurus, gefunden im Strandkies
Länge 1,4 cm

Foto rechts:
Donnerkeile – die am häufigsten gefundenen stabilen Reste größerer Meerestiere sind meist zerbrochen und abgerollt.
ø ca. 5–12 cm

FOSSILE SEEIGEL
GEHÄUSE UND STEINKERNE

Die dunklen Feuersteinkerne von Seeigeln mit ihrer schönen, fünfstrahligen, weißen Zeichnung sind besonders begehrte Fundstücke.
Bei den frisch aus der Schreibkreide herausgewaschenen Exemplaren haftet dem Steinkern zuerst noch das ursprüngliche weiße Kalkgehäuse an. Es wird aber in der Brandung zwischen dem übrigen Geröll alsbald abgerieben. Dann erkennt man die Zeichnung besser.

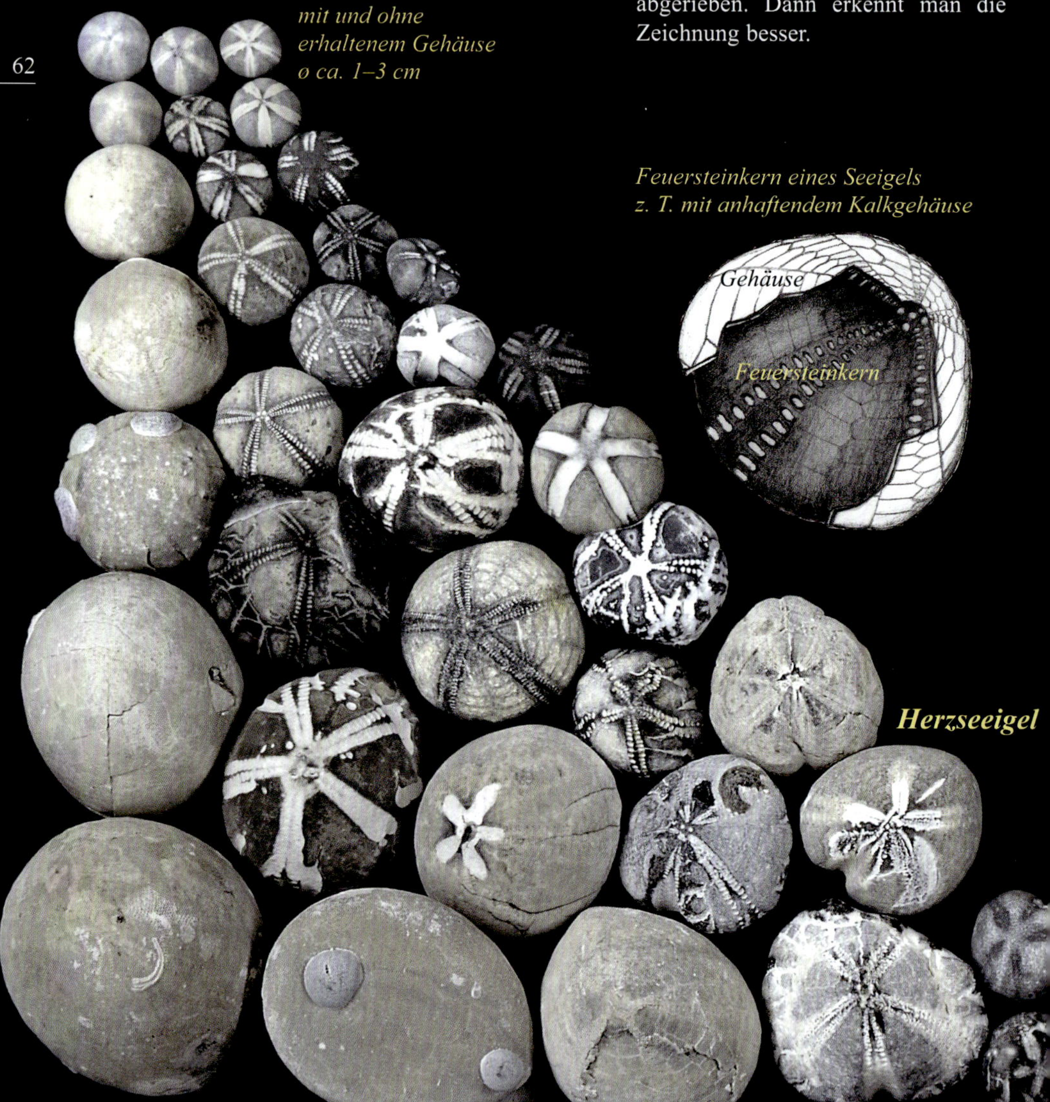

Seeigel
Feuersteinkerne mit und ohne erhaltenem Gehäuse ø ca. 1–3 cm

Feuersteinkern eines Seeigels z. T. mit anhaftendem Kalkgehäuse

Herzseeigel

Seeigel lebten in großer Artenzahl am Boden des Kreidemeeres. Manche waren nur wenige Millimeter groß – andere fast doppelt faustgroß. Die allerschönsten Fossilien aus der Rügener Schreibkreide sind sicher die unversehrten Kalkgehäuse von **Kronenseeigeln**, die noch fest auf einem Feuersteinkern sitzen (im Foto unten). Solche Stücke sind echte Raritäten und leider nur sehr wenigen Sammlern vergönnt.

Aber es gibt ja auch noch ihre Einzelteile. In sie zerfielen die meisten Kronenseeigel ohne Feuersteinkern. Und diese schönen Teile findet man als Kleinfossilien häufig im Strandkies zwischen dem Feuersteingeröll – sowohl ihre besonders kräftigen **Stacheln** unterschiedlicher Form und Größe, als auch ihre unverkennbar geformten **Stachelplatten**. Es lohnt sich wirklich, nach ihnen zu suchen.

Stacheln
verschiedener Kronenseeigelarten
Länge ca. 1–3 cm

Stachelplatten
verschiedener Kronenseeigel
ø ca. 0,5–1,5 cm

Kronenseeigelgehäuse, z. T. mit Stacheln

Kronenseeigel
Feuersteinkerne mit und ohne erhaltenem Gehäuse
ø ca. 1–5 cm

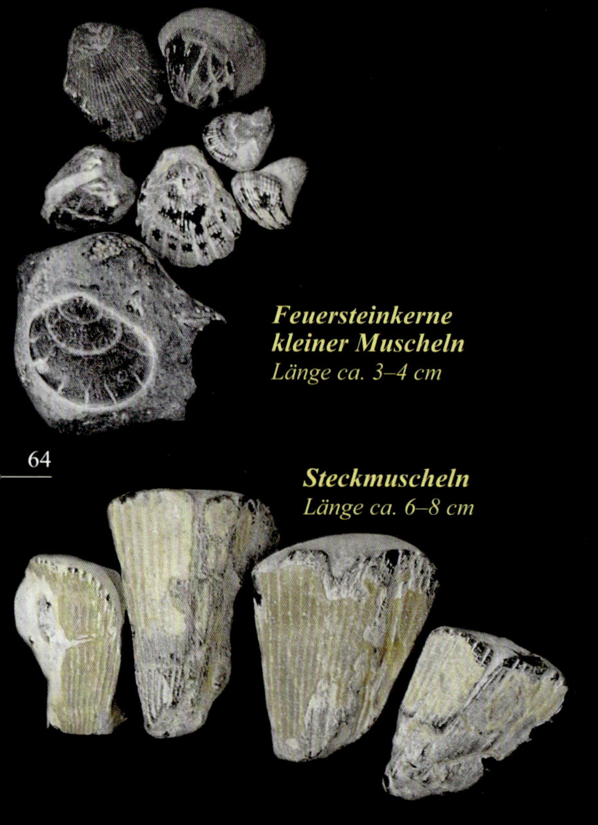

Feuersteinkerne kleiner Muscheln
Länge ca. 3–4 cm

Steckmuscheln
Länge ca. 6–8 cm

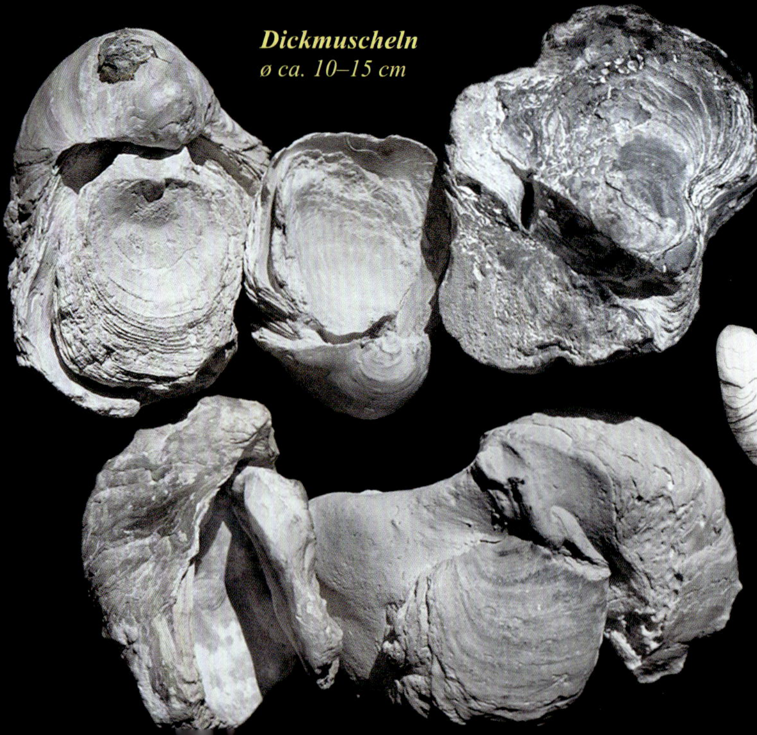

Muscheln zählen zu den häufigsten Kreidefossilien, die man am Strand findet. Dabei bilden die nicht selten zweieinhalb Zentimeter dicken Schalen der zu den Austern zählenden **Dickmuscheln** die stabilsten aller Kalkschalen. Ihre Form weicht von der „normaler“ Muscheln stark ab: Eine der beiden Schalenhälften ist sehr dick und stark gewölbt. Die andere dagegen bleibt stets viel kleiner und dünner. Sie liegt leicht konkav in der großen. Die meisten der gefundenen Dickmuschelschalen sind stark abgerollt.
Wesentlich seltener sind die Feuersteinkerne von **Steckmuscheln**, deren recht dünne Schale häufig noch dem Steinkern anhaftet.
Auch kleinere Muscheln sind sehr dünnschalig und oft nur als Steinkern erhalten.

Dickmuscheln
ø ca. 10–15 cm

Zeichnung: Dickmuschel

MUSCHELN, SCHWÄMME

RESTE VON LEBEN AUS DEM KREIDEMEER

Viele größere **Kieselschwämme** erkennt man an einer Netz- oder Punktstruktur auf Feuersteinen.

Ebenso begehrte wie seltene Funde sind **Klappersteine**: Ein kleiner Kieselschwamm, von einer Kreideschicht umgeben, steckt in einer kugelrunden Feuersteinhülle mit winzigen Löchern. Wird die Kreide im Wellenschlag durch diese Löcher ausgespült, kann sich der Schwamm im Inneren frei bewegen und klappert beim Schütteln.

Die kleinen **Kalkschwämme** liegen oft im Kies zwischen dem Feuersteingeröll. Manche zeigen ein durchgehendes Loch, deren vermutliche Entstehung mit der Zeichnung erklärt werden soll.

Zeichnung: die durchlöcherten Kalkschwämme wuchsen vielleicht um Tangstängel

Kalkschwämme
ø ca. 1–3 cm

Kieselschwämme (\u201eKlappersteine\u201c)
ø ca. 2–6 cm

Kieselschwämme
Länge ca. 8–16 cm

FOSSILE MEERESTIERE
KLEINFOSSILIEN AUS DEM KREIDEMEER

Im Kies zwischen dem Feuersteingeröll an der Kreideküste finden sich zahlreiche kleine Reste von Fossilien – hier als **Kleinfossilien** bezeichnet. Man findet sie – mit etwas mehr Geduld und Mühe – sogar im Sommer, wenn die meisten größeren Fossilien abgesammelt sind.

Wie schön diese kleinen Fossilien bzw. deren Einzelteile sein können, zeigt diese Doppelseite. Es sind Reste ganz verschiedener Tiergruppen, die vielfach auf einer härteren Unterlage festgewachsen, am Boden des Kreidemeeres lebten. Lediglich die Seesterne bewegten sich dort aktiv.

Einzelkorallen
Länge ca. 3–4 cm

Armfüßer
Kalkschalen
Länge ca. 0,5–2,4 cm

Armfüßer
Feuersteinkerne,
z. T. mit Kalkschale
Länge ca. 3–7 cm

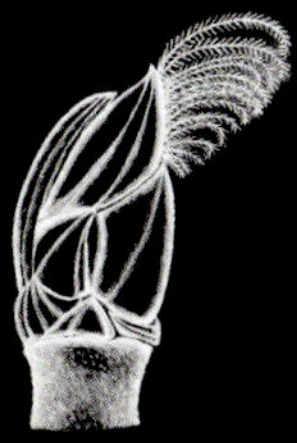

Rankenfüßer

Platten („Zähne") von Rankenfüßern
Länge ca. 1,5–3 cm

Reste von Moostierchen
Länge ca. 2–3 cm

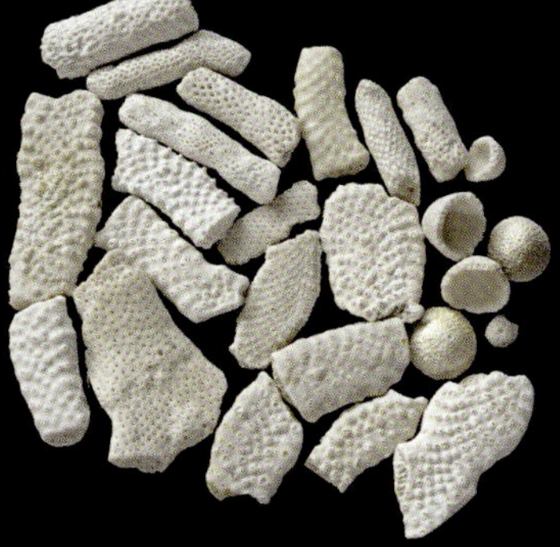

Kissenseestern

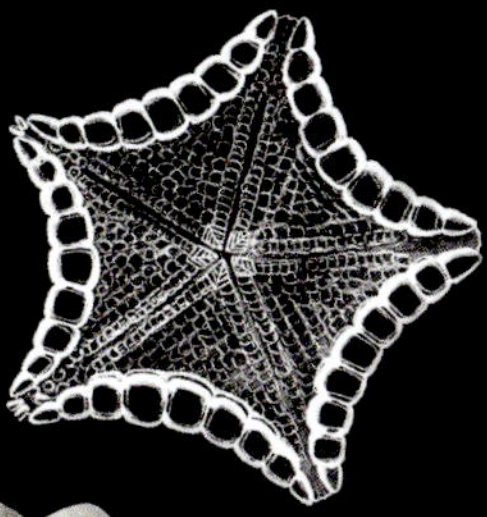

Randplatten von Seesternen
Länge ca. 3–4 cm

Röhrenwurm

Kalkröhren von Röhrenwürmern
Länge ca. 1–2 cm

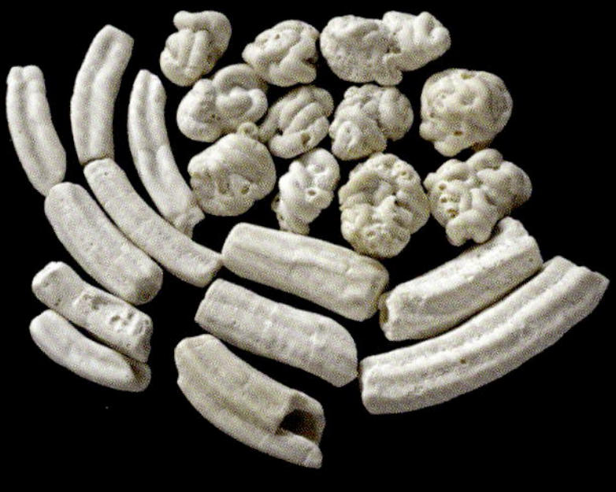

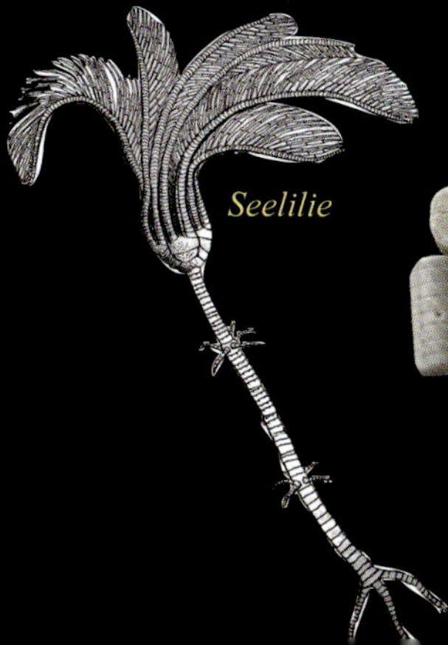

Seelilie

Stielglieder von Seelilien
Länge ca. 0,5–2 cm

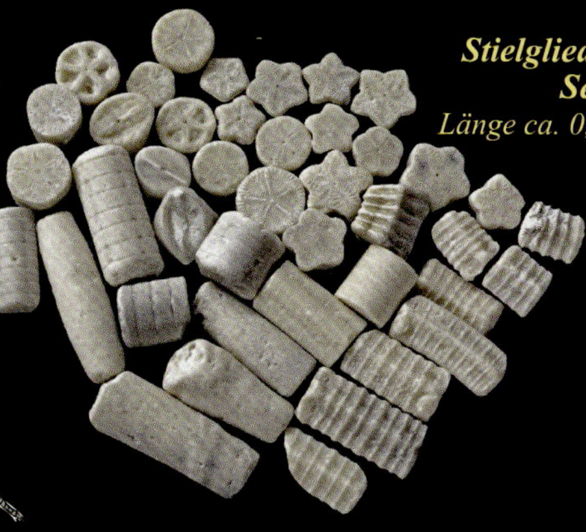

großes Foto:
Sassnitzer Blumentöpfe im Kreidekliff

Foto rechts unten:
zusammengetragene Pyritknollen

im Kreis links:
Sassnitzer Blumentopf mit Bepflanzung

im Kreis rechts:
Sassnitzer Blumentopf mit zwei „angewachsenen" Pyritknollen

SASSNITZER BLUMENTÖPFE
UND PYRIT („KATZENGOLD“)

Neben den charakteristischen Feuersteinbändern gibt es in der Schreibkreide auch einzelne Knollen, die isoliert im Sediment liegen – also nicht „in Reihe“. Unter ihnen findet man Exemplare, welche die übliche Größe von Feuersteinknollen weit überschreiten. Manche wiegen einhundert, die schwersten weit über zweihundert Kilogramm. Die meisten besitzen eine unregelmäßig-knollige Form, manche sind langgestreckt. Neben ihrer unregelmäßigen äußeren Form haben fast alle eine Gemeinsamkeit: ein großes, rundes durchgehendes Loch mit glatter Wandung. Es handelt sich dabei also um überdimensionierte „Hühnergötter“, die als **Paramoudra** bezeichnet werden. Ihre Entstehung ist bisher nicht eindeutig geklärt. Man nennt sie im Volksmund **Sassnitzer Blumentöpfe**, da viele von ihnen in den Vorgärten von Sassnitz stehen – mit Erde gefüllt und bepflanzt.

Mancher Strandwanderer meint, er habe Gold gefunden. Tatsächlich liegen im Strandgeröll der Kreideküste vereinzelt goldglänzende, faust- bis kopfgroße, extrem schwergewichtige Knollen. Natürlich ist das kein Gold, sondern nur „Katzengold“ oder „Schwefelkies“ – Eisensufid (FeS_2) – ein Erzmineral, das sich ganz exakt **Pyrit** nennt.

Auch der Pyrit entstand in der Schreibkreide, genauer: im noch feuchten Kreideschlamm am Meeresboden durch Ausfällung von im Meerwasser gelöstem Eisen um einen Kristallisationskern, oft ein Fossil. Meist glänzen diese Pyritknollen allerdings nicht, sondern erscheinen rostigbraun. Zerschlägt man aber solche äußerlich unansehnlichen Stücke, so zeigen die Bruchflächen oft goldglänzenden, strahlig auskristallisierten Pyrit.

großes Foto:
instabiles Steilufer – nördliches Dornbuschkliff/Hiddensee

Blockbilder rechts unten:
- Rutschung an einem Kliff aus eiszeitlichen Ablagerungen
- Abbruch an einem Kreidekliff

links unten:
Der Geologische Dienst Mecklenburg-Vorpommern informiert an einigen besonders gefährlichen Steilküsten auf Informationstafeln über die dortige geologische Situation und die dadurch bedingten Gefahren.

KÜSTE ERLEBEN

VERHALTEN UND GEFAHREN AN DEN UFERN

Das Wandern an der Küste von Rügen und Hiddensee gehört zu den schönsten Naturerlebnissen – das Sammeln von Gesteinen und Fossilien zu den interessantesten Freizeitbeschäftigungen. An den Sandstränden der Flachküsten ist das alles problemlos möglich – in jeder Jahreszeit, bei jedem Wind und Wetter, entsprechende Kleidung vorausgesetzt. Beim Weg über Geröllstrände ist festes Schuhwerk angebracht – und größte Vorsicht bei Frost. Wenn gefrierendes Spritzwasser die Gerölle mit einer dünnen Eisschicht überzieht, wird es sehr glatt.

Bei hohem Wasserstand kann es sein, dass die Strände vor den Steilufern überflutet sind. Dann sollte man unbedingt zurückgehen und keinesfalls an den Steilufern klettern. Das trifft auch zu, wenn dort Abbruch- oder Rutschmassen den Weg versperren. Sie zu überqueren heißt oft, im Schlamm zu versinken.

Wirklich gefährlich sind Wanderungen und Sammeln direkt unter den Steilufern, wenn Nässe oder Frost die Kliffe instabil werden lassen. Besonders bei hohem Wasserstand und dadurch sehr schmalen Stränden ist es dort **lebensgefährlich** – das zeigen die Erfahrungen. Immer wieder gibt es überraschend vom Steilufer herabstürzende Brocken, Abbrüche oder Rutschungen. Im Februar 2005 wurde am Lobber Ort eine Frau verschüttet und kam dabei ums Leben. Zu Weihnachten 2011 starb auf diese Weise ein junges Mädchen am Kap Arkona.

Jeder Küstenwanderer muss allein entscheiden, welches Risiko er eingeht. Nicht immer wird er ausdrücklich durch Schilder gewarnt. So wie überall in der Natur, ob nun im Gebirge oder am Meer, ist er stets für sich selbst verantwortlich.

Und Rücksicht zu nehmen auf die Natur, auf die Tier- und Pflanzenwelt – das sollte für alle Strandwanderer zur Selbstverständlichkeit gehören.

KÜSTEN-AUFSCHLÜSSE
RÜGENS GEOLOGISCHE SEHENSWÜRDIGKEITEN

Bei den Wanderungen an der Küste trifft man immer wieder auf interessante **Aufschlüsse** – so bezeichnet der Geologe jene Stellen, an denen Gesteinsschichten zu Tage treten. Auf Rügen und Hiddensee sind es natürlich zuerst die Steilufer. Viele von ihnen sind in diesem Buch abgebildet; ihre Besonderheiten werden erklärt. Bei anderen erkennt der aufmerksame Leser dieses Buches mit Sicherheit selbst, welche Ablagerungen dort aufgeschlossen sind.

Die interessantesten Küstenaufschlüsse:

1 Dornbuschkliff
2 Kreptitzer Heide
3 Kap Arkona
4 Glowe Königshörn
5 Kreideküste Jasmund
6 Dwasiden/Mukran
7 Feuersteinfelder
8 Granitzer Ort
9 Quitzlaser Ort
10 Nordperd
11 Lobber Ort
12 Reddevitzer Höft
13 Zickersches Höft
14 Klein Zicker

Foto:
Die bekannten Feuersteinfelder bei Neu Mukran sind eine große Besonderheit – fossile Strandwälle, die vor ca. 3500 Jahren bei schweren Sturmfluten gebildet wurden.

großes Foto:
Strandwanderer an der Kreideküste bei der Suche nach Fossilien

Foto im Kreis:
Kleinfossilien aus dem Strandkies – eine Tagesausbeute, die mit Geduld in jeder Jahreszeit möglich ist.

Foto unten:
So sortiert und aufbewahrt, können Kleinfossilien zu Hause eine tägliche Freude sein. (Sammlungsschachteln in großer Auswahl sowie Sammlungszubehör aller Art gibt es bei ***www.krantz-online.de****)*

SUCHEN & FINDEN

LEIDENSCHAFT VIELER STRANDWANDERER

Das Sammeln von Gesteinen und Fossilien erfreut sich zunehmender Beliebtheit. Wer aber in der sommerlichen Hochsaison am Strand sucht, wird feststellen, dass die Zahl der Sammler die der interessanten Strandfunde weit übertrifft. Bessere Fundmöglichkeiten gibt es im Frühjahr, wenn durch Uferabbrüche frisches Material ins Strandgeröll gelangte. Außerdem schichten die Winterstürme die Strandsteine oft völlig um. „Aber wir sind doch nur im Sommerurlaub an der Küste!“ sagen da viele Freunde der Strandsteine. Während der Saison bringt das langsame Gehen über das Strandgeröll mit dem nach unten gerichteten Blick tatsächlich kaum Erfolg. Viel besser ist es, nicht beim Gehen zu suchen, sondern an einer bestimmten Stelle zu verweilen – so wie es die Sammler auf dem Foto machen. Auf diese Weise entdeckt man viele Dinge, die man anders leicht übersieht.

Ein Geologenhammer in der Hand sieht beim Suchen sicher gut aus. Der Sammler, an den sich dieses Buch richtet, braucht ihn ganz bestimmt nicht. Die meisten der in diesem Buch gezeigten Funde wurden ohne Hammereinsatz geborgen. Eine Lupe mit zehnfacher Vergrößerung ist dagegen stets richtig. Damit erkennt man interessante Details, beispielweise an Kleinfossilien. Und simples Zeitungspapier zum Einwickeln der größeren Fundstücke, die leicht im Rucksack oder Tasche zerkratzen, sollte immer dabei sein.

Ein besonderer Fund verdient, dass er zu Hause ein Etikett bekommt mit den Daten wann und wo das Stück gefunden wurde – man vergisst so schnell!

GEOLOGISCHE MUSEEN

UND AUSSTELLUNGEN

Wichtigstes geologisches Museum auf Rügen ist das unbedingt sehenswerte **Kreidemuseum Gummanz**. In einem historischen Kreidewerk präsentiert es Entstehung, Verarbeitung und Verwendung der Rügener Schreibkreide sowie deren Fossilien. Dazu zeigt es eine Vielzahl von Fossilien aus verschiedenen Erdzeitaltern. „Vater des Kreidemuseums" ist der renommierte Sassnitzer Fossilien-Experte Manfred Kutscher.
www.kreidemuseum.de

In der neuen Ausstellung „Mönchgut-Geologie" im **Mönchguter Heimatmuseum Göhren** sind zahlreiche Gesteine und Fossilien von den Geröllstränden der Halbinsel Mönchgut zu sehen. Sie wurde vom Autor dieses Buches und seiner Ehefrau als Zuwendung an das Museum gestaltet.
www.moenchguter-museen-ruegen.de

Das **Seefahrerhaus Sellin** bietet die Sonderausstellung „Versteinertes Leben – Fossilien von der Insel Rügen", die private Sammlung des Seedorfer Fischers Uwe Kankel, die bemerkenswerte Exemplare enthält.
www.ostseebad-sellin.de

großes Foto:
Blick in die Ausstellung des Kreidemuseums Gummanz

Foto im Kreis:
Eingang zum Kreidemuseum Gummanz

Foto oben:
Vitrine mit Fossilien in der Ausstellung „Mönchgut-Geologie" im Mönchguter Heimatmuseum Göhren

LITERATUR & LINKS

Dieses Buch ist kein spezielles Bestimmungsbuch, sondern möchte interessierte Laien an das Thema Gesteine und Fossilien heranführen. Wer seine Kenntnisse vertiefen will, findet eine Vielzahl von Büchern (auch sehr viele antiquarische) unter **www.fossilbuch.de**.

Die Büchern von ROLF REINICKE
- Steine am Ostseestrand,
- Funde am Ostseestrand
- Feuersteine Hühnergötter
- Kliff & Strand
aus dieser im Demmler Verlag erscheinenden Reihe (s. S. 80) bieten zahlreiche weitere Informationen.

Für den Rügener Strandsammler sind außerdem zu empfehlen:

KUTSCHER, M.: **Die Insel Rügen Die Kreide** – 3. Aufl. 2007, 56 S., zahlr. Abb.; erhältlich im Kreidemuseum Gummanz.

NESTLER, H.: **Die Fossilien der Rügener Schreibkreide** – Die Neue Brehm-Bücherei Bd. 486; 4. Aufl. 2002, 129 S., 160 Abb.
ISBN 978-3-89432-467-4

REICH, M. & P. FRENZEL: **Die Fauna und Flora der Rügener Schreibkreide** – Archiv für Geschiebekunde, Bd. 3; Heft 2/4; 1. Aufl. 2002, 210 S., zahlr. Abb.
ISSN 0936-2967

RUDOLPH, F. : **Strandsteine** – Sammeln und Bestimmen von Steinen an der Ostseeküste. – Wachholz-Verlag, 11. Aufl. 2012, 156 S., 164 farbige Abb.
ISBN 978-3-529-05409-9

SMED, P. & J. EHLERS: **Steine aus dem Norden** – Geschiebe als Zeugen der Eiszeit in Norddeutschland – Gebr. Borntraeger Verlag, 2. Aufl. 2002, 194 S., 34 Farbtaf., 83 Abb.
ISBN 978-3-443-01030-0

RHODE, A.: **Auf Fossiliensuche an der Ostsee** – Wachholz-Verlag, 1. Aufl. 2007, 272 S., zahlr. Abb.
ISBN 978-3-529-05419-8

RUDOLPH, F., W. BILZ & D. PITTERMANN: **Fossilien an Nord- und Ostsee**. Finden und Bestimmen – Quelle & Meyer, 1. Aufl. 2010, 288 S., ca. 800 Abb.
ISBN 978-3-494-01490-6

REINICKE, R: **Bernstein - Gold des Meeres** – Hinstorff Verlag Rostock, 8. Aufl. 2008, 80 S., zahlreiche Abb.
ISBN 978-3-356-00642-8

Empfohlene
Rügen-Landkarten
aus dem Verlag Grünes Herz (Ilmenau und Ostseebad Wustrow)

Wanderkarte 1:50.000
Rügen, Hiddensee
ISBN 978-3-86636-031-0

Fahrradkarte 1:75.000
Rügen, Hiddensee
ISBN 978-3-929993-99-6

Rad- und Wanderkarten-Set Rügen
1:30.000
ISBN 978-86636-000-6

Die **Geologische Zeitskala** (Stratigraphische Tabelle) bietet die Gliederung der Erdgeschichte und das entsprechende Alter der Gesteine. Hier eine sehr einfache Version:

		Beginn vor Millionen Jahren
KÄNOZ.	Quartär	2,6
	Tertiär	65
MESOZOIKUM	Kreide	142
	Jura	200
	Trias	251
PALÄOZOIKUM	Perm	296
	Karbon	358
	Devon	417
	Silur	443
	Ordovizium	488
	Kambrium	542
PRÄKAMBRIUM		

Das Kreidemuseum Gummanz veranstaltet regelmäßig Fossilienexkursionen (Führungen durch den Kreidetagebau Promoisel): **www.kreidemuseum.de/exkursionen.html**

Kreidefossilien lassen sich gut bestimmen anhand der Abbildungen unter **www.kreidemuseum.de/start_fossilien.html**

Auf **www.kristallin.de** findet man eine umfangreiche Zusammenstellung kristalliner Geschiebe mit Beschreibungen und Fotos.

Eine gute Adresse für Sammler auf Rügen ist Peter Müller („Steinmüller") in Lohme **www.ruegensteine.de**. Hier findet man Literatur und Fachberatung. Er sägt, bohrt, schleift und poliert auch die mitgebrachten Funde.

Viele Sammler wünschen Kontakt mit anderen, „fortgeschrittenen" Sammlern. Einen guten Einstieg bietet die **Gesellschaft für Geschiebekunde**. Sie führt Amateur- und Fachgeologen, Laien und Experten, Anfänger und Fortgeschrittene sowie natürlich Sammler jeden Alters zusammen.
Dieser gemeinnützige Verein hat inzwischen über 20 Sektionen, verteilt auf ganz Norddeutschland. Er bietet regelmäßig Vorträge, Exkursionen, Fachberatung, Bestimmung von Gesteinen und Fossilien sowie eine Vielzahl von Publikationen – alles Wissenswerte dazu unter **www.geschiebekunde.de**.

AUTOR & MITARBEITERIN

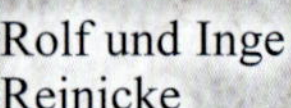

Rolf und Inge Reinicke

Fotos, Bücher und Vorträge von Rolf Reinicke:
www.kuestenbilder.de

Sie zählen zu den besten Kennern von Strand und Steinen auf Rügen – der Autor **Rolf Reinicke** und seine Ehefrau **Inge Reinicke.** Sie sind hier seit vier Jahrzehnten gemeinsam an der Küste unterwegs, haben dabei gesammelt, fotografiert und dokumentiert. Ungezählte Steine und Fotos brachten sie von ihren Wanderungen mit nach Hause, so auch alle, die man in diesem Buch findet.

Rolf Reinicke (*1943) ist ein erfahrener Geologe, Landschaftsfotograf und Buchautor. Für seine zahlreichen Bücher – so auch für dieses – lieferte er Fotos und Texte, seine Ehefrau die Zeichnungen. Sie hatte auch das Lektorat. Sohn **Matthias Reinicke**, Grafik-Designer, lebt und arbeitet in Victoria/BC (Kanada). Er steuerte die Grafiken bei.

Bücher von Rolf Reinicke im Demmler Verlag

Steine am Ostseestrand
7. Auflage 2021
ISBN 978-3-910150-75-1

Pflanzen am Ostseestrand
2. Auflage 2020
ISBN 978-3-944102-13-8

Fossilien am Ostseestrand
1. Auflage 2020
ISBN 978-3-944102-36-8

Feuersteine, Hühnergötter
4. Auflage 2019
ISBN 978-3-910150-78-2

Kliff & Strand
1. Auflage 2011
ISBN 978-3-910150-89-8

Steine in Norddeutschland
1. Auflage 2012
ISBN 978-3-910150-96-6

Strandschätze
2. Auflage 2019
ISBN 978-3-944102-26-9

Sand & Dünen am Ostseestrand
1. Auflage 2019
ISBN 978-3-944102-30-6

Bildband Mare Balticum
1. Auflage 2018
ISBN 978-3-944102-25-2

Bildband Usedom
1. Auflage 2011
ISBN 978-3-910150-91-1

Bildband Rügen
1. Auflage 2014
ISBN 978-3-944102-10-8

Was ist ein Donnerkeil?
Woher kommen die Steine am Strand?
Wie entstand die Schreibkreide?
Wie erkenne ich Bernstein?
Wo kann ich Fossilien finden?
Solche Fragen – und viele andere zum Thema Strand und Steine – stellen die Gäste der Inseln Rügen und Hiddensee immer wieder.
Der Geologe Rolf Reinicke beantwortet sie in diesem Buch – ebenso kompetent wie für jeden verständlich.
Der Autor ist ein bekannter Landschaftsfotograf und erfolgreicher Buchautor.
Zusammen mit seiner Frau, die am Buch mitwirkte, ist der Stralsunder seit vier Jahrzehnten immer wieder auf Rügen und Hiddensee unterwegs.
Sie haben gemeinsam beobachtet, gesammelt und fotografiert.
Für das vorliegende Buch lieferte Rolf Reinicke nicht nur die Fotos und Texte, sondern er gestaltete es auch selbst.
Seine Frau steuerte die Zeichnungen bei, Sohn Matthias die Grafiken.
So entstand dieses ungewöhnlich schön illustrierte und besonders ansprechend gestaltete Buch – zur Freude aller, die gern wandern, beobachten, suchen und sammeln – ein Bestseller des Demmler Verlages.

ISBN 978-3-944102-00-9
9 783944 102009
9,95 € (D)
10,30 € (A)
www.demmlerverlag.de